Microbiota
Los microorganismos de tu organismo

books4pocket

Ignacio López-Goñi

Microbiota
Los microorganismos de tu organismo

GUADALMAZÁN

© Ignacio López-Goñi, 2019
© de las ilustraciones de cabecera de capítulo: Íñigo Izal Azcárate, 2019
© de la primera edición en TALENBOOK, S.L.: mayo de 2018
© de esta edición: TALENBOOK, S.L. para B4P, septiembre de 2019
                www.editorialguadalmazan.com
                info@almuzaralibros.com
                @AlmuzaraLibros

Impreso por BLACK PRINT
Coordinación de B4P en Almuzara: ÓSCAR CÓRDOBA

I.S.B.N: 978-84-16622-53-5
Depósito Legal: CO-1356-2019

Código BIC: PDX; PDZ; PSG
Código BISAC: SCI045000

Reservados todos los derechos. Queda rigurosamente prohibida, sin la autorización escrita de los titulares del copyright, bajo las sanciones establecidas en las leyes, la reproducción parcial o total de esta obra por cualquier medio o procedimiento, incluidos la reprografía y el tratamiento informático, así como la distribución de ejemplares mediante alquiler o préstamo público.

Impreso en España - *Printed in Spain*

*A Pilar, con quien
he compartido tantas cosas,
hasta nuestros microbios*

VER LOS MICROBIOS

Mucho costó a los microbiólogos «ver» qué y cómo son los microbios. Y aún más tuvieron que trabajar para convencer a todos los científicos de que la vida microbiana es algo real, aunque los microorganismos no alcancen un tamaño suficiente que los haga visibles para el ojo humano sin la ayuda del microscopio. Todo ello a pesar de que esa parte de nuestra vida biológica, la vida microbiana, nos ha acompañado desde que aparecimos como especie en este planeta. Esto fue algo que sucedió, como quien dice, anteayer. Me refiero a nuestro comienzo como especie en este planeta, hasta ahora el único que conocemos que nos puede albergar. Total, si la vida comenzó en sus formas más elementales hace unos 3800 millones de años, el *Homo sapiens* empieza su caminar por aquí hace no mucho más de 150.000 años (dejemos la precisión de estas cifras a los paeloantropólogos que cada vez afinan más). Resulta que el planeta Tierra es el único de los que conocemos que puede sostener nuestro existir biológico, pero eso sí, el nuestro, con nuestros microbios.

Como científico creo que la Ciencia también abre espacio para el asombro; como ocurre con todo lo que se deriva de la creación artística, la contemplación del cosmos no deja indiferente. Pues bien, lector que tienes este libro en tus manos disponte a ver, observar, analizar, conocer una parte importante de tu propia biología. Ignacio López-Goñi, investigador consagrado, experto profesor, divulgador riguroso, desgrana en las páginas que siguen un relato que tiene un protagonista, la MICROBIOTA, y que tiene un argumento, tu salud depende de tus microbios.

Es éste un libro científico, pero también es una construcción literaria, con un ritmo propio, para relatar unos hechos que interesan, para encadenar algunas sorpresas o para abrir espacios de interés en los que seguir profundizando. Con un lenguaje directo, con un estilo desenfadado, el Dr. López-Goñi nos propone un recorrido por un conjunto de conocimientos que hacen referencia a nuestra vida y nuestra salud. Como microbiólogo me permito apuntar el mérito fundamental de este libro: aporta una descripción actualizada de la variedad de la microbiota que puebla nuestro organismo, algo que hasta hace poco resultaba inabarcable.

Albergamos al menos tantas células microbianas como células propias; con las nuevas tecnologías vamos conociendo su rastro genético (microbioma); con ello podemos deducir que la microbiota está constituida por cientos de especies de bacterias y otros microbios, así como valorar cuál es su aportación a nuestra fisiología.

Orgánicamente somos por tanto también los microbios que viven en nosotros, somos esa red microbiana que nos habita. Como tal red actúa sobre los alimentos que ingerimos, sobre los medicamentos que se nos administran, incluso los productos tóxicos que nos llegan son transformados gracias a población microbiana, que acaba desempeñando las funciones de un auténtico órgano.

El relato del autor también nos informará de cómo la microbiota contribuye a definir nuestra individualidad genética, el microbioma humano es una parte del genoma humano, su composición equilibrada es parte de la salud y sus alteraciones pueden ser patológicas. Nos asombrará constatar cómo la pared del intestino supone una barrera de intercambio, entre los microbios que habitan en esa localización y el resto de nuestros órganos y tejidos, que recibirán las más diversas señales de la microbiota a través de la circulación.

Las líneas del relato de López-Goñi pueden verse como una metáfora de lo que ha sido el desarrollo del conocimiento microbiológico. Hace apenas siglo y medio, científicos como Pasteur y Koch tuvieron que esforzarse para demostrar que eran los microbios, invisibles al ojo humano, los que producían infecciones o fermentaban el mosto. No fue fácil porque, entre otras circunstancias, poco antes el fisiólogo Claude Bernad ponía los fundamentos de enormes avances en Patología Médica, demostrando que la enfermedad podía provenir de causas endógenas. Entonces, cómo poner también énfasis en agentes «externos» microbianos como causantes de un grupo grande de enfermedades, las infecciones. Muchas polémicas —hasta burlas— hubieron de afrontar los pioneros de la etiología microbiana de las infecciones. A día de hoy, no es que los proponentes de que la microbiota tiene un papel en el equilibrio fisiológico, algo fácil de aceptar, pero también en muchas alteraciones patológicas, hasta hace poco insospechadas, hayan de sufrir la descalificación por sus opiniones científicas. Pero, no hay duda de que muchos de los hallazgos que aquí se describen se han visto con notable escepticismo.

Pero también las entrelíneas de este libro se nos pueden hacer patentes de su lectura. En las entrelíneas del relato de López-Goñi surge con claridad una conclusión: nos esperan más sorpresas, muchas más en el devenir del conocimiento que todo el esfuerzo científico actual nos traerá. El mundo microbiano, el que nos habita y el que puede llegar a hacerlo, es muy dinámico, nos queda mucho por saber y aún más por aplicar, para beneficio de nuestra salud, tanto individual como global

CÉSAR NOMBELA.
Catedrático de Microbiología

PRÓLOGO

Probablemente todo lo relacionado con los microbios te suene a suciedad, a enfermedades y a infecciones. Y es cierto —algunos microorganismos causan enfermedades, algunas incluso mortales—, pero la inmensa mayoría de los microbios son unos buenos tipos.

Están por todas partes y por ellos es posible la vida en el planeta. También están dentro de nosotros. En realidad somos superorganismos y tenemos al menos tantos microbios en nuestro cuerpo como células humanas. La microbiota es esa comunidad de microorganismos buenos que viven en nuestro cuerpo, gracias a los cuales podemos incluso disfrutar de una salud de hierro. Desde el mismo instante en el que nacemos somos colonizados por millones de virus, bacterias y hongos, que permanecerán con nosotros hasta el final de nuestros días. Y desde que el hombre es hombre, conviven en nuestro cuerpo: hemos coevolucionado con ellos. Los compartimos con nuestra familia y nuestros amigos, pero son parte de nuestra identidad: los microbios que tú tienes son distintos de los de otra persona.

Nos influyen mucho más de lo que te imaginas. Gracias a ellos se activan nuestras defensas y mantienen a raya a otros microorganismos patógenos, evitando que nos colonicen y que nos causen enfermedades. Nos ayudan a hacer la digestión y nos proporcionan vitaminas y otros compuestos que nosotros no podemos sintetizar, y que son necesarios para nuestra salud. Existe una comunicación entre nuestros microbios y nuestro cuerpo, con el metabolismo y el cerebro, por ejemplo.

Una buena microbiota es sinónimo de una buena salud. Vivimos en equilibrio con nuestra microbiota y tenemos que cuidarla, porque cuando la maltratamos y ese equilibrio se pierde, nuestra salud se resquebraja. Hay muchos ejemplos que relacionan la microbiota con la enfermedad: desde alergias, diabetes, obesidad y enfermedades autoinmunes, hasta alzhéimer, párkinson y autismo, incluso el cáncer. Por eso, intentamos manipular la microbiota intestinal con alimentos probióticos, prebióticos o simbióticos, cada vez más sofisticados y mejor diseñados, e incluso reemplazarla por completo mediante un trasplante de microbiota, el llamado trasplante fecal. La dieta también influye en nuestros microbios, y una dieta sana y equilibrada probablemente también sea lo mejor para ellos.

A nuestras bacterias les influyen una multitud de factores: el estrés, nuestro sexo, la genética, la edad, con quién vivimos, lo que comemos o el ambiente en el que nos movemos. Nuestra microbiota no solo es muy sensible a cambios en nuestra dieta, sino también a los antibióticos, por ejemplo. El uso y abuso indiscriminado de antibióticos es una de las causas de la proliferación de superbacterias, resistentes a múltiples antibióticos, que también están poniendo en riesgo nuestra salud. La resistencia a los antibióticos ya es la nueva pandemia del siglo XXI.

Compartimos nuestro propio cuerpo con una multitud de microorganismos con los que debemos convivir en equilibrio y armonía. De ti depende llevarte bien con ellos, porque tu salud depende de tus microbios.

PRIMERA PARTE
SOMOS MICROBIOS

Antony van Leeuwenhoek para algunos el primer microbiólogo, que descubrió un nuevo universo de «animálculos» microscópicos.

LEEUWENHOEK: VER LO INVISIBLE

«Hace doscientos cincuenta años, un hombre oscuro llamado Leeuwenhoek curioseó por primera vez en el seno de un mundo nuevo y misterioso, poblado por millares de especies diferentes de seres diminutos: algunos de ellos, feroces y capaces de ocasionar la muerte; otros, beneficiosos y útiles, y, en su mayoría, más importantes para la humanidad que cualquier continente o archipiélago». Así comienza *Los cazadores de microbios*, un libro sobre la historia novelada de los primeros microbiólogos. Todo un clásico escrito por Paul de Kruif y publicado por primera vez en 1926 en EE. UU.

De Kruif describe a Leeuwenhoek como «el primer cazador de microbios». Antony van Leeuwenhoek nació en 1632 en Delft —Holanda—. Era un hombre solitario, un poco avinagrado y desconfiado, un tipo raro. Sin preparación académica, no fue a la universidad, y llegó a ser conserje del ayuntamiento de su pueblo. Se ganaba bien la vida, no consta que tuviera problemas económicos. Se dedicaba al comercio de telas. Pero tenía una obsesión: tallar y pulir lentes de cristal y montarlas sobre una placa de metal. Se construía así sus propias lentes, auténticas lupas pequeñitas, algunas del tamaño de un alfiler. En eso era realmente muy bueno. Empezó con esa afición probablemente porque la calidad de las telas dependía del número de hilos y la forma en la que estaban entretejidos, y eso se podía ver muy bien con una lupa. Como buen comerciante de telas, quería saber todo sobre el género.

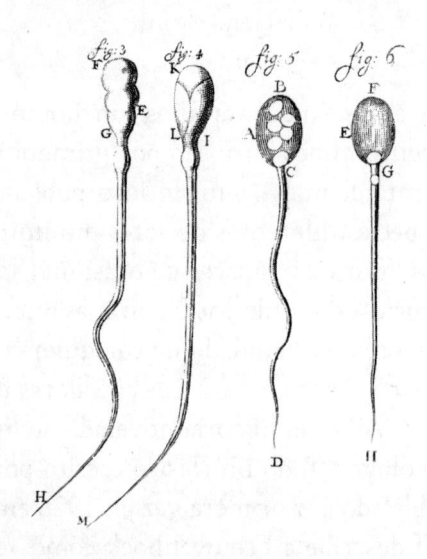

Esperma de perro y conejo observado y dibujado por Leeuwenhoek.

Enseguida se dedicó a colocar bajo sus lentes todo lo que llegaba a sus manos: escamas de su propia piel, pelos de lana de oveja y otros animales, pelos del bigote, cortes de madera, la pata de una pulga, el aguijón de una abeja, capilares sanguíneos de la cola de un pez, etc. Leeuwenhoek fue el que vio por primera vez los glóbulos rojos, los espermatozoides y las levaduras. Se obsesionó y llegó a construir cientos de lentes o pequeños microscopios. La calidad de sus microscopios era única, en aquella época no había cosa igual en toda Europa.

Pero en realidad Leeuwenhoek no inventó el microscopio. Probablemente fue otro holandés, Zacharias Janssen —1588-1638—, quien construyó el primero. Consistía en un simple tubo de unos 25 cm de longitud y 9 cm de ancho, con una lente convexa en cada extremo. Estos microscopios eran una lupa capaz de conseguir unos pocos aumentos.

Años después, el inglés Robert Hooke —1635-1703—, contemporáneo de Leeuwenhoek, publicó en 1665 el libro *Micrographia*, donde describía las observaciones que había llevado a cabo con un microscopio compuesto también de dos lentes, diseñado por él mismo. Este libro contiene por primera vez la palabra «célula». Hooke descubrió las células observando en su microscopio una lámina de corcho. Se dio cuenta de que estaba formada por pequeñas cavidades poliédricas que recordaban a las celdillas de un panal. Sin embargo, el microscopio de Leeuwenhoek era distinto. Consistía en una sola pequeña lente biconvexa montada sobre una placa de latón, que se sostenía muy cerca del ojo. Las muestras se montaban sobre la cabeza de un alfiler, el cual se podía desplazar mediante unos tornillos que permitían enfocar. En realidad, el microscopio de Leeuwenhoek era una simple lupa, pero de exquisita calidad, con la que podía alcanzar más de 200 aumentos, mucho más que los microscopios de dos lentes de aquella época. Otra ventaja adicional del microscopio de Leeuwenhoek era que, al estar construido con una sola lente, se reducía el efecto de la aberración esférica, un problema óptico de los microscopios compuestos que comprometía seriamente la agudeza y la claridad de la imagen.

Un día, Leeuwenhoek decidió observar a través de su microscopio una gotita de agua. Y ahí comienza esta historia. Descubrió un nuevo universo, cientos de miles de «animálculos», como él los llamaba, que nadaban y corrían por todas partes, seres diminutos miles de veces más pequeños que todo lo que había visto hasta entonces: los microbios. Eran pequeños, muy diversos y diferentes unos de otros y estaban por todas partes: «… no se ha presentado ante mis ojos ninguna visión más agradable que esos miles de criaturas vivientes, todas vidas, en una diminuta gota de agua, moviéndose unas junto a otras, y cada una de ellas con su propio movimiento», escribía en 1674. Años más tarde, descubrió enjambres de seres invisibles en su propia boca: ¡tenía todo un parque zoológico en su boca! Seres diminutos que daban saltos, otros que giraban continuamente, unos como bastoncitos curvos, otros como esferas, como sacacorchos, etc. Leeuwenhoek fue el primero que vio bacterias. En años sucesivos, las describió en los intestinos de las ranas y de los caballos, e incluso en sus propias heces.

Sin saberlo, Leeuwenhoek hizo la primera descripción de lo que hoy conocemos como microbiota, el conjunto de microbios que pueblan nuestro cuerpo. En aquella época, nadie sabía lo que eran las bacterias, los protozoos y mucho menos los virus. Pero ya Leeuwenhoek vio que no solo las gotas de agua, sino que nuestro propio cuerpo estaba repleto de esos «animálculos». Hoy en día todavía nos sorprendemos al comprobar la calidad y la exactitud de las descripciones y los dibujos que hizo con sus sencillos microscopios.

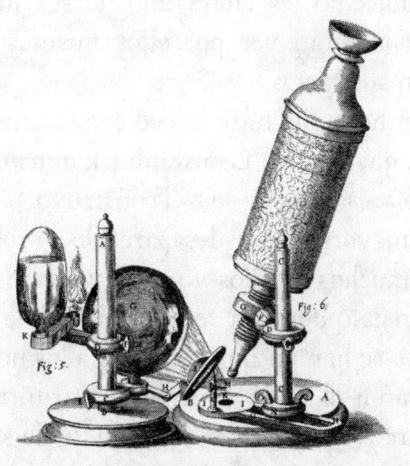

Microscopio dibujado por el propio Hooke para su obra Micrographia, 1665.

Leeuwenhoek no relacionó los microbios con las enfermedades —eso vendría casi 200 años después con la teoría infecciosa de Robert Koch y Louis Pasteur—, pero describió tres características esenciales del mundo microbiano: que los microbios son seres diminutos, muy pequeños; que son muy diversos y que hay muchos tipos diferentes; y que están por todas partes —ahí donde enfocaba Leeuwenhoek su microscopio los veía—.

Leeuwenhoek se carteó con la Real Sociedad Científica de Inglaterra. Les envió ¡más de 300 cartas! Los científicos primero desconfiaron de los descubrimientos de un comerciante de telas, pero en 1680 acabaron admitiéndolo entre sus miembros de la Real Sociedad —la Científica, se entiende—. Sin embargo, Leeuwenhoek no les envió uno de sus microscopios para que pudieran ver por ellos mismos lo que les contaba en sus cartas.

Leeuwenhoek fue muy celoso con sus microscopios. Se calcula que cuando Leeuwenhoek murió había unos 500 ejemplares, que él y solo él construyó. Sin embargo, la gran mayoría han desaparecido. Probablemente destruyó muchos de ellos y nunca vendió ninguno. Se cree que regaló dos a la reina María II de Inglaterra, pero nunca se han encontrado. Solo a los noventa y un años, y ya en el lecho de muerte, permitió a su hija que enviara a Londres una caja con 26 de sus famosos microscopios, que nunca fueron utilizados y que, un siglo más tarde, se habían perdido, probablemente en un incendio. Hasta hace poco se pensaba que hoy en día solo quedaban diez ejemplares que se consideran auténticos —copias de los originales hay muchas—: ocho de ellos están en museos y uno en una colección privada. En 2009 salió a subasta en la famosa galería Christie's un microscopio de Leeuwenhoek original de plata, que se vendió por la friolera de ¡321.237,50 libras! Este microscopio está en paradero desconocido.

Pero ¿hay más microscopios de Leeuwenhoek por ahí fuera? Según Brian J. Ford, uno de los mayores expertos del mundo en este asunto, en los últimos años se han encontrado dos más. Uno de ellos, todavía en estudio, ha aparecido para ser vendido de nuevo en la galería Christie's.

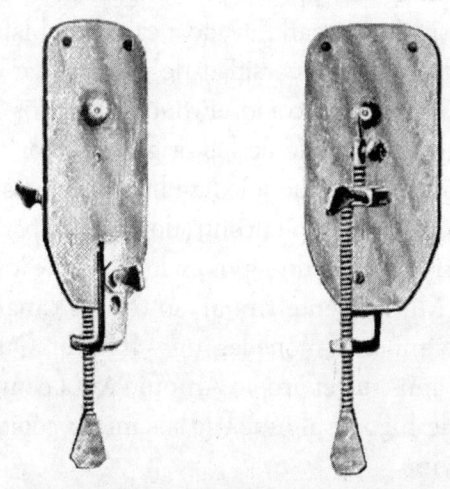

Leeuwenhoek fue muy celoso con el desarrollo de sus microscopios. No consta ni que dejara instrucciones sobre los métodos de fabricación ni que compartiera con nadie su forma de pulir o tallar las lentes. Nunca vendió ninguno.

El otro tiene una historia mucho más curiosa. En diciembre de 2014 aparece para la venta en eBay un lote por 99 dólares de algunos «utensilios médicos e instrumentos de pintura» y un par de monedas viejas encontrados en los lodos de los canales de Delft —recuerda, la ciudad holandesa de donde era original

Leeuwenhoek—. En los años 80 se drenaron y se limpiaron los canales, y todo el barro y el lodo acabó en unos parques. Algunos coleccionistas *amateurs* se dedicaron a tamizar los lodos y a buscar piezas de metal antiguas. Entre las piezas que se subastaban había un utensilio que bien podría tratarse de un microscopio como los de Leeuwenhoek. Un coleccionista español se hace con el lote por un precio final de 1500 euros. Los análisis que se han llevado a cabo en el laboratorio Cavendish de la Universidad de Cambridge demuestran que este microscopio encontrado en los lodos de Delft es indistinguible de los originales. Por tanto, de aquellos 500 parece que solo han llegado a nuestros días una docena. El último encontrado entre el barro había permanecido escondido siglos en los lodos de los canales de Delft. Mucha gente tira al río o a los canales cosas que le sobran, unas monedas, unas llaves… Quizá hace unos 300 años fue el propio Antonie van Leeuwenhoek quien se deshizo de algunos de sus microscopios, en un ataque de ira.

No compartió con nadie su forma de pulir o tallar las lentes y no dejó ninguna indicación sobre sus métodos de fabricación —ya os he dicho que era un poco rarillo—. La ciencia tardó casi 200 años en volver a desarrollar una técnica equivalente. Pero la historia ya había comenzado, aquel holandés mercader de telas fue el primero en ver que hasta nosotros mismos estamos repletos de microbios.

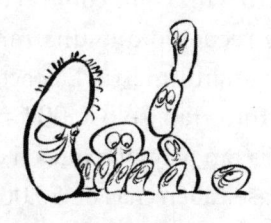

PERO ¿QUÉ SON LOS MICROBIOS?

Lo que Leeuwenhoek vio con su microscopio es lo que ahora conocemos como bacterias, protozoos y levaduras. El holandés se dio cuenta de las tres características más importantes que definen el mundo microbiano: son muy pequeños, están por todas partes y son muy diversos.

El termino «microbio» hace referencia a su pequeño tamaño: son organismos tan pequeños que no podemos verlos a simple vista, y necesitamos microscopios para poderlo hacer. El poder de resolución del ojo humano es de unos 0,2 milímetros. Esto quiere decir que los objetos por debajo de ese tamaño no podemos verlos: a los microbios no los vemos a simple vista. Luego volveremos sobre esto.

Una bacteria típica como *Escherichia coli* —que se aísla en tus intestinos— mide aproximadamente 2 micras de largo por 1 de ancho, la levadura de la cerveza —*Saccharomyces cerevisiae*— puede tener unas 10 micras de diámetro y un virus como el de la polio menos de 0,1 micras. Te recuerdo que una micra es mil veces más pequeña que un milímetro. La bacteria *Escherichia coli* mide, por tanto, tan solo 0,002 milímetros, y el virus de la polio es tan pequeño que en el punto que hay al final de esta frase caben más de 50.000 virus. Por eso, para poder verlos necesitaremos microscopios ópticos o incluso, como en el caso de los virus, microscopios más potentes, como los microscopios electrónicos.

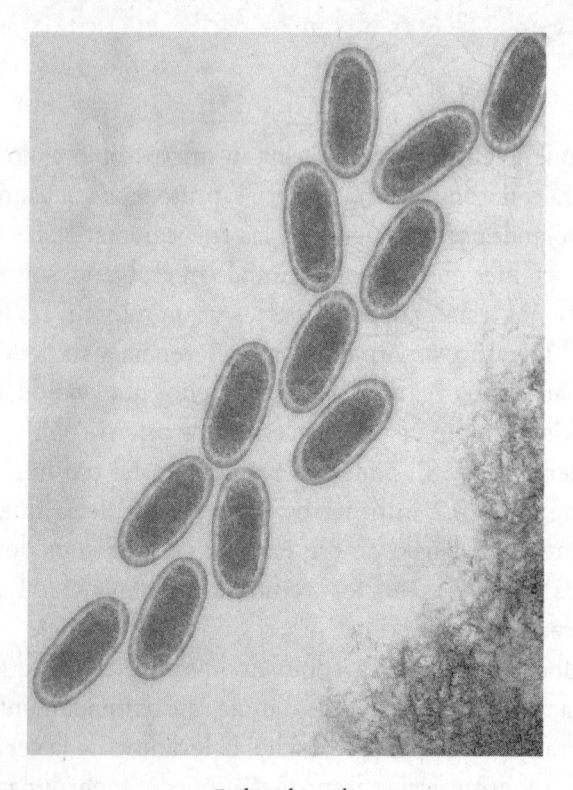

Escherichia coli.

La biodiversidad microbiana es algo que no deja de sorprendernos. En biología no hay dogmas, excepto el de que siempre hay excepciones al dogma; y con lo del tamaño también hay excepciones. Por ejemplo, la bacteria más pequeña probablemente sea *Thermodiscus*, que mide entre 0,1 y 0,2 micras —en realidad no es una bacteria, es una arquea; luego te lo explico—. Es, por tanto, del tamaño de los virus más grandes. Y en 1993 se describió la que entonces fue la bacteria más grande jamás encontrada: *Epulopiscium fishelsoni*, con un tamaño de 80 x 600 micras. Vive en el intestino de un pez —*Acanthurus nigrofuscus*— del mar Rojo y de la Gran Barrera de Coral de Australia. Por el tamaño, primero se pensó que era un protozoo, pero los análisis genéticos demostraron que en realidad se trataba de una bacteria relacionada con los *Clostridium* formadores de endosporas. Pero el honor de ser la bacteria más grande solo le duró a *Epulopiscium* tres años. En 1999 se descubrió otra bacteria marina filamentosa capaz de oxidar el azufre con un tamaño de unas 750 micras: *Thiomargarita namibiensis*. Esta bacteria forma cadenas y acumula en su interior gránulos de azufre brillantes, por eso los autores le pusieron ese nombre que significa «perlas de azufre de Namibia». De momento, es la bacteria más grande que se conoce.

Pero ser pequeño tiene sus ventajas. Cuanto más pequeña es una célula, la relación superficie/volumen es mayor, por lo que la difusión y el intercambio con el medio exterior es más eficiente, lo que permite un metabolismo más rápido y una mayor velocidad de crecimiento. Eres pequeño pero te multiplicas muy rápidamente, y eso para las bacterias es una ventaja. Si el tamaño crece, acabarás necesitando más estructuras, más orgánulos, compartimentalizando las funciones. No sabemos bien cómo estas bacterias gigantes han sido capaces de aumentar tanto de tamaño manteniendo una estructura tan simple, pero lo que sí sabemos es que ¡hay bacterias que se pueden ver a simple vista!

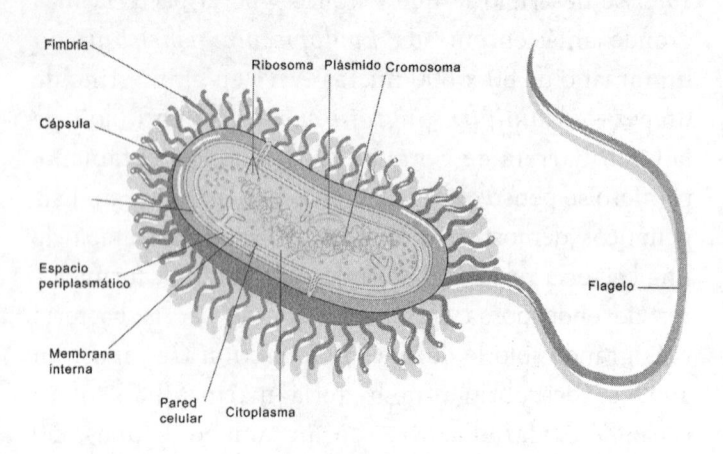

Esquema de una célula procariota.

Además de su pequeño tamaño, Leeuwenhoek ya se dio cuenta de que los microbios aparecían por todas partes. Allí donde miraba con sus lupas, allí encontraba sus «animálculos». Y es que, efectivamente, los microbios pueblan prácticamente todos los lugares del planeta: en el suelo, en el agua dulce, en los océanos, en ambientes extremos, en la superficie de las plantas o en el interior de los animales. Se calcula que en un gramo de tierra, por ejemplo, puede llegar a haber mas de 10.000 millones de microorganismos. Y los microbios, como estamos viendo, son muy diversos, los seres vivos más diversos que existen. Dentro del grupo de los microorganismos nos encontramos con bacterias, arqueas, hongos y levaduras, protozoos, algunos tipos de algas unicelulares y los virus, que, aunque no son células también representan una clase importante de microorganismos.

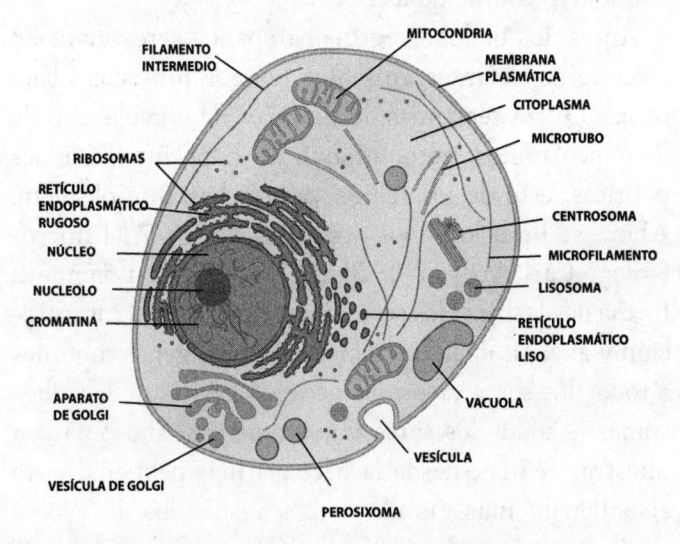

Esquema de una célula eurariota (en este caso animal).

Según cómo son por dentro podemos clasificar las células en dos tipos: procariotas, que carecen de núcleo y de orgánulos rodeados de membrana, al que pertenecen las arqueas y las bacterias; y los eucariotas, con un núcleo bien diferenciado y mucho más complejos, al que pertenecen algas, hongos, levaduras y protozoos. En realidad, si ves una fotografía de una bacteria hecha con el microscopio electrónico es muy parecida a una croqueta rellena de sopa. Los virus no son células y no entran dentro de esta clasificación de las células. Los virus son siempre parásitos o piratas de las células —patógenos intracelulares obligados—, se multiplican dentro de las células, de todo tipo de células. Pero de esto ya hablamos en otro libro, *Virus y pandemias* —que te recomiendo leer, je, je, je—.

Antes, los biólogos agrupábamos los seres vivos en cinco reinos: plantas, animales, hongos, protistas y bacterias. Quizá recuerdes de tus años de escuela esto de los cinco reinos, pero, aunque no tiene implicaciones políticas, esto de los reinos ya está bastante obsoleto. Ahora se lleva lo de los dominios. En 1977, el microbiólogo Carl Woese —1928-2012— propuso una nueva forma de clasificar los seres vivos basada en la comparación y análisis de las secuencias de unos genes comunes a todos los seres vivos, los genes del ARN de los ribosomas —todos los seres vivos tenemos ribosomas en nuestras células, desde la bacteria más pequeña hasta el ballenato más grande—. Los resultados de Woese sugieren que la vida celular en la Tierra ha evolucionado a través de tres líneas o dominios distintos: Bacteria y Archaea, muy similares en cuanto a su morfología —ambos son microorganismos procariotas, sin núcleo—; y Eukarya, que comprende a los eucariotas e incluyen a protistas, hongos, plantas y animales. Esta clasificación es lo que se llama el árbol filogenético universal de los seres vivos, deducido a partir de la comparación de las secuencias del gen del ARN de los ribosomas. Esto sugiere además que los procariotas son mucho más diversos entre sí de lo que se pensaba hace años. En realidad la mayor diversidad biológica se encuentra entre los microorganismos. Aunque sean muy sencillos en su forma son muy diversos desde el punto de vista filogenético y evolutivo. Si te fijas bien, la mayoría de los seres vivos son microbios, lo que pasa es que a la mayoría de ellos no los vemos tan fácilmente.

SOMOS MITAD HUMANO MITAD BACTERIA

Cuando Leeuwenhoek miró con su microscopio una muestra de sarro dental quedó fascinado: ¡tenía un auténtico zoológico de «animálculos» en su boca! Pero ¿cuántos microbios tenemos en nuestro cuerpo? Durante años se ha hecho popular la idea de que tenemos diez veces más bacterias en nuestro cuerpo que células humanas, que el 90 % de nuestras células son bacterias, o sea, que somos más bacteria de lo que pensamos. Algunos han estimado que hasta kilo y medio de lo que tú pesas son bacterias —algunos podemos llegar hasta los tres kilos de bacterias, je, je, je—. Pero ¿es esto cierto?

Para calcular estos datos, lo primero que tenemos que saber es cuántas células tiene un ser humano. Pero claro, los seres humanos somos muy distintos entre nosotros, el número de células que tiene Obélix seguro que será distinto del de Astérix. Por eso, los científicos han consensuado lo que podemos definir como un humano de referencia. Que nadie se pique, pero cuando hablamos de un humano, la ciencia se refiere a un varón de entre 20-30 años de edad, de 70 kg de peso y 170 cm de altura. La mayoría de las fuentes admiten que el promedio de células en este humano de referencia es entre 10 y 100 billones, o dicho de otro modo 10^{13} y 10^{14} células. Y respecto al número de bacterias, la tradición popular siempre ha mantenido que eran entre 10^{14} y 10^{15}. De ahí que tenemos 10 veces más bacterias que células humanas. Y esto lo hemos repetido tantas veces —yo el primero— que ya nadie lo pone en duda: el 90 % por cierto de lo que tú eres son microbios. ¡Somos microbios!

Parece ser que la primera publicación en la que se cita que tenemos 10^{14} bacterias en nuestro cuerpo es de 1972. Dice más o menos así: «Un hombre adulto tiene 10^{14} microbios en su tracto intestinal. Este dato se basa en el contenido de 10^{11} microbios por gramo del tracto alimentario y que su capacidad es de aproximadamente 1 litro». Y este dato —10^{14} bacterias— es el que se ha ido arrastrando y citando hasta nuestros días.

Sin embargo, en 2016 unos investigadores revisaron el asunto y volvieron a recalcular el número de bacterias y de células humanas en nuestro cuerpo. En el pionero trabajo de 1972 asumen que el intestino tiene una capacidad de un litro, lo cual parece ser cierto. Pero los microbios no están repartidos por igual en todo el intestino, sino que la cantidad significativa para nuestro cálculo está al final, en el colon. Estos autores tienen en cuenta que un adulto produce entre 100-200 gramos de heces al día y, considerando la dinámica del tránsito fecal, calculan que el colon tiene un volumen medio de unos 410 mililitros. Luego han revisado todos los estudios sobre las medidas de la cantidad de bacterias en heces y concluyen que el dato más correcto es de $0{,}92 \times 10^{11}$ bacterias por gramo de caca, con perdón. De esta forma, calculan que la cantidad de bacterias en el colon de nuestro hombre de referencia es de aproximadamente $3{,}8 \times 10^{13}$.

Aunque, como veremos luego, tenemos bacterias repartidas por casi todo el cuerpo —en la boca, en la saliva, en el estómago, en el intestino delgado, en el intestino grueso, en la piel y en la vagina—, la inmensa mayoría de nuestros microbios están en el intestino, concretamente en el colon. En el resto de sitios la cantidad es varios órdenes de magnitud menor, por eso lo que realmente cuenta para el cálculo total son los microbios del colon. ¿Y eso cuánto pesa? Pues bastante menos que los dos o tres kilos que hemos dicho al principio. Según estos autores la mitad del peso del colon son bacterias y, como el peso medio del colon es 0,4 kilos, se supone que nuestras bacterias pesan unos 200 gramos. ¿Y cuál es el número de células humanas en ese hombre adulto estándar? Los trabajos anteriores dan valores entre 10^{12} y 10^{14}, y un estudio reciente basado en tipos celulares precisa más: el cuerpo humano tiene $3{,}7 \times 10^{13}$ células. Sin embargo, estos autores han recalculado también este dato. Para ello, han tenido en cuenta que el 84 % de nuestras células son glóbulos rojos. Las células musculares y las de grasa —adipocitos—, aunque suponen un 75 % de la masa celular —son células muy grandes— solo contribuyen con menos de un 0,2 % al número total de células humanas. Lo que realmente contribuye a nuestro número total de células son los glóbulos rojos, que son unos $2,5 \times 10^{13}$, mientras que el resto de células humanas son «solo» unas $0,5 \times 10^{13}$.

Por tanto, lo que realmente importa para calcular la relación entre bacterias y células humanas son las bacterias del colon y los glóbulos rojos. Mientras que tradicionalmente hemos estimado que la proporción entre bacterias —10^{14}— y células humanas —10^{13}— es de 10:1, la revisión actual calcula esa relación de 1:1 aproximadamente —$3,8 \times 10^{13}$ bacterias : 3×10^{13} células humanas—. Una bacteria por cada célula humana. Tenemos, por tanto, la misma cantidad de bacterias que de células humanas: eres mitad humano mitad bacteria.

Todos estos cálculos se refieren al humano estándar, pero ¿cómo influye si los calculamos en una mujer estándar? Pues podríamos esperar que en mujeres la relación fuera mayor, tienen en proporción el doble o triple de bacterias que un hombre. Bueno, en realidad lo que tienen es menos células humanas. El volumen del colon en la mujer es prácticamente igual al del hombre, pero la mujer tiene un 10 % menos de glóbulos rojos y hasta un 20-30 % menos de volumen sanguíneo. Por eso, podríamos esperar que la relación bacteria:células aumentara dos o tres veces en mujeres.

¿Y con la edad? ¿Cambia esa proporción con la edad? Pues en parte sí. La densidad de bacterias en el colon es relativamente constante desde la infancia hasta el adulto. Pero el volumen del colon —menor en niños— o el de sangre —mayor en niños y menor en ancianos—

puede causar pequeños cambios en la proporción bacteria:células humanas con la edad.

¿Y con la obesidad? ¿Aumenta la proporción bacteria:células si eres gordo? Ya hemos visto que los adipocitos —células de grasa—, aunque se hipertrofien no afectan significativamente al número total de células humanas. Pero las personas obesas pueden tener un volumen de colon mayor. Aunque tengan un colon mayor —más bacterias—, también aumenta el volumen de sangre —más glóbulos rojos—, por lo que la proporción bacteria:células se suele mantener similar a la de un hombre estándar, aunque su perfil no sea estándar. O sea que, aunque estés gordo, la proporción bacteria:células no cambia.

Si lo que más influye en nuestro cálculo de bacterias totales son las que hay en el colon, la relación bacteria:células humanas también varía si disminuye el número de bacterias intestinales; y esto ocurre cada día si eres regular con la defecación, en la que se puede llegar a excretar hasta un tercio de nuestras bacterias. Así, es de esperar pequeños cambios en la proporción 1:1 a favor a las células humanas respecto a las bacterias a lo largo de día.

Si ahora resulta que la proporción bacterias:células humanas es 1:1, y no 10:1 como se decía, ¿qué pasa, que nuestras bacterias no son tan importantes como pensábamos? Por supuesto que son importantes, todo esto no afecta en absoluto al importante papel biológico que juegan en nuestra salud, como veremos más delante. Ahora resulta que no son tantas como pensábamos, pero que siguen siendo la mitad de nosotros: por cada célula tuya tienes una bacteria, ¡eres mitad humano, mitad bacteria!

Sin embargo, de todo este razonamiento que os he contado para calcular el número de células humanas y el de bacterias también surgen dudas. Por ejemplo, han estimado que un adulto produce entre 100-200 gramos de heces al día. No sé a vosotros, pero a mi se me hace como poco, aunque nunca me he dedicado a pesar esas cosas. Otra duda un poco más seria sobre el cálculo de células humanas es si debemos incluir a los glóbulos rojos como células, ya que al fin y al cabo no son más que unas bolsitas llenas de hemoglobina. Si no tenemos en cuenta a estos glóbulos en la ecuación, al final sí va a ser cierto que tenemos 10 bacterias por cada célula humana.

De cualquier forma, tengamos las mismas o diez veces más bacterias que células, son muchas bacterias. ¿Y quiénes son esos pequeños inquilinos?, ¿de dónde vienen esas bacterias?, ¿cómo entran en nuestro cuerpo?

¿QUIÉNES SON NUESTROS MICROBIOS?

La microbiota es el conjunto o comunidad de microorganismos que tenemos en nuestro cuerpo. Son las bacterias, las arqueas, los hongos y las levaduras, los virus y los protozoos que se encuentran en el cuerpo en individuos sanos. Algunos también le denominan microbioma, pero es más correcto emplear este término cuando nos referimos a la colección de genes de todos los microbios que hay en una comunidad; en nuestro cuerpo, por ejemplo.

La microbiota son los microbios; el microbioma, sus genomas. El microbioma humano es, por tanto, el conjunto de todos los genes de nuestro microbios, y puede considerarse como la contrapartida al genoma humano. En realidad, tenemos más genes microbianos en nuestro cuerpo que genes humanos: nosotros tenemos unos 23.000 genes humanos, pero el conjunto de nuestros microbios pueden albergar unos tres millones de genes. Algunos ya consideran a este microbioma como nuestro segundo genoma. Somos superorganismos en los que el 1 % de nuestro genoma lo heredamos de nuestros padres y el 99 % de nuestros microbios.

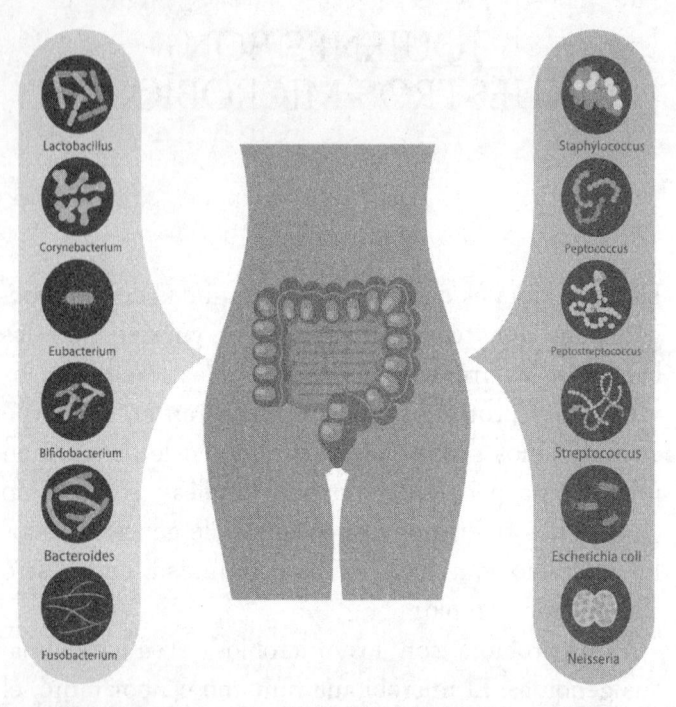

En esa figura se muestran bacterias que se pueden encontrar en el intestino y cuya acción puede ser beneficiosa (las de la izquierda) o por lo contrario propiciar alguna enfermedad (derecha).

El término que nunca deberías emplear es el de flora microbiana. Desgraciadamente es mucho más popular que el de microbiota, pero a los microbiólogos no nos gusta mucho, más bien no nos gusta nada. Lo de denominar flora a nuestros microbios viene de muy antiguo, cuando algunos de los primeros microbiólogos eran botánicos y se pensaba que las bacterias eran una parte del reino de las plantas. Pero ya sabemos que no hay reinos y que las bacterias nada tienen que ver con las plantas, no son plantas. Por tanto, no vuelvas a usar ese término. Destierra la idea de flora microbiana y volvamos a la microbiota o microbioma.

¿Y cómo estudiamos actualmente el microbioma? Pues ya no se hace usando microscopios como Leeuwenhoek, ni siquiera cultivando las bacterias. Hoy sabemos que existen muchos microbios, la inmensa mayoría de los cuales no somos capaces de cultivarlos en el laboratorio. Sencillamente las condiciones de nutrientes, luz y temperatura que les proporcionamos no son suficientes para que se desarrollen. Es lo que los microbiólogos denominamos «la materia oscura microbiana», ese conjunto de cientos de millones de microorganismos distintos que están ahí, pero que no somos capaces de hacerlos crecer en el laboratorio: los microorganismos no cultivables. Hoy en día, sin embargo, para poder verlos, o mejor dicho, ponerlos de manifiesto, empleamos técnicas moleculares como la secuenciación del ADN.

Para entender esta técnica tienes que saber que cada ser vivo tiene unas secuencias específicas de ADN en su genoma, únicas y exclusivas. Podemos, por tanto, identificar un ser vivo por una secuencia concreta de su ADN. Para que te hagas una idea de cómo funciona esto, imagínate que te digo «En un lugar de la Mancha...» y te pido que identifiques el libro de la que la hemos extraído. Seguro que sin necesidad de consultar en Google me podrás decir que es de *El ingenioso hidalgo don Quijote de la Mancha*, incluso el autor, Miguel de Cervantes. No has necesitado leer todo el libro, solo una frase que lo identifica. Pues lo mismo ocurre con esas pequeñas secuencias de ADN específicas de cada microorganismo. No hace falta secuenciar todo su genoma completo, solo es necesario detectar una pequeña secuencia concreta que permita identificar el genoma que la contiene, y por tanto el microorganismo. Esto permite identificar todas las especies microbianas presentes en una muestra rápidamente y de forma precisa.

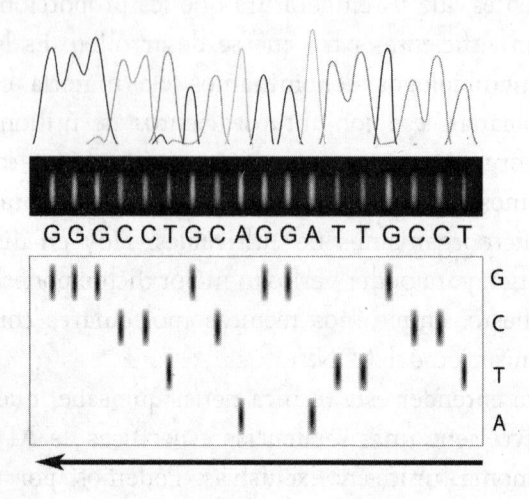

Principio de secuenciación del ADN.

Para estudiar el microbioma humano, lo que se hace es tomar muestras de distintos sitios del cuerpo, de distintas personas y en distintas condiciones. Se extrae todo el ADN de esas muestras y se amplifican unas pequeñas secuencias concretas del genoma, los genes de la subunidad pequeña de los ribosomas —la subunidad 16S del ARN ribosomal—. Como hemos dicho, todos los microorganismos —excepto los virus— poseen ese gen, pero la secuencia exacta del ADN es única para cada especie. Cuando los científicos aíslan un microbio, secuencian ese gen y lo comparan con las bases de datos. Si lo encuentran en la base de datos, pueden identificar quién es, de qué microorganismo se trata; si no, ¡han descubierto un microorganismo nuevo! De esta forma, secuenciando de forma masiva todo el ADN amplificado podemos tener información de todos los genomas de todos los seres vivos presentes en esa muestra, podemos saber quién está ahí. Pero, además, hoy en día podemos secuenciar todos los genes en una comunidad microbiana, lo que se denomina el metagenoma. Esto nos permite conocer también qué hacen, qué función tienen los microorganismos que están ahí. Una de las mayores dificultades de esta técnica es que acaba generando una cantidad masiva de datos. Por eso, a lo que sí hay que dedicar mucho tiempo es a analizar esa enorme cantidad de información. Ha sido necesario desarrollar nuevas herramientas bioinformáticas y complejos algoritmos matemáticos, capaces de hacer más manejable el análisis de los datos y poder sacar conclusiones fiables. Esto tiene que ver con lo que ahora está tan de moda: el Big Data.

Para saber quién está ahí, quiénes son nuestros microbios, hace unos años comenzó un ambicioso proyecto denominado Proyecto Microbioma Humano. El objetivo es obtener un mapa de nuestras bacterias. En este proyecto han colaborado más de 250 científicos de 80 instituciones distintas. Se han secuenciado y analizado muestras de 242 personas sanas —129 hombre y 113 mujeres—. De cada una de ellas se han tomado muestras al menos tres veces durante 22 meses, de 18 partes distintas del cuerpo: nueve de distintas zonas de la cavidad oral, cinco de la piel, una de heces y tres de la vagina. En total se han analizado más de 11.000 muestras. De momento es el primer catálogo disponible del microbioma humano de un adulto sano que puede emplearse como referencia para trabajos posteriores.

¿Y cuáles han sido las principales conclusiones? La diversidad de microbios en nuestro organismo es enorme. Se estima que en nuestro cuerpo sano habitan más de 10.000 especies bacterianas diferentes, de las que menos del 1 % pueden ser potenciales patógenos. En general, nuestras comunidades microbianas están compuestas de algunos tipos bacterianos —muy pocos— que son muy abundantes y frecuentes, junto con muchas, muchas bacterias distintas, pero representadas en pequeño número. O sea que, aunque la diversidad es enorme, hay algunas pocas bacterias con las que nos llevamos muy bien y aparecen mucho en nuestro cuerpo.

Combinando todos los datos de este macro estudio, se calcula que la microbiota femenina es más compleja y diversa que la de los hombres —51.373 unidades taxonómicas en las mujeres frente a 48.388 en los hombres—. No sabemos por qué, pero también el tipo de bacterias es muy variable entre personas: las bacterias que tú tienes son distintas de las mías. La microbiota es única para cada individuo. Además, la comunidad de bacterias en una persona determinada cambia a lo largo del tiempo, como veremos más adelante.

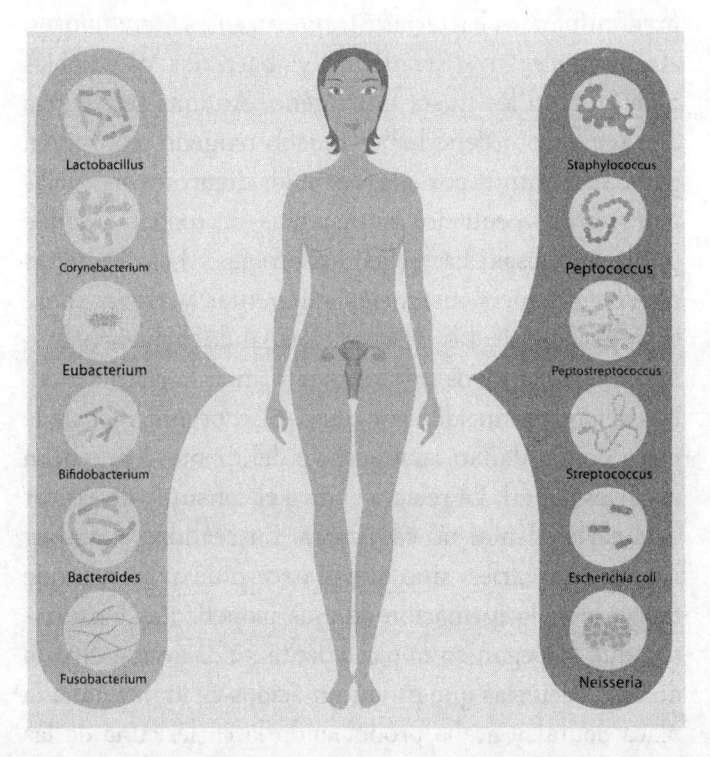

Tipos de bacterias que podemos encontrar en la vagina.

Cuando se compara la microbiota en distintas zonas del cuerpo, se observa que las bacterias de cada parte son muy diferentes. La mayor diversidad microbiana la encontramos en el tracto intestinal y en la boca. La piel tiene una diversidad media. Donde menos tipos distintos de bacterias hay es en la vagina: allí la bacteria más popular es *Lactobacillus* —no te asustes, procuraré no usar muchos nombres raros, pero los nombres de la bacterias se escriben en latín—. En la boca, por ejemplo, predominan las bacterias *Streptococcus*, *Haemophilus*, *Actinomyces* y *Prevotella*, y bacterias anaerobias a las que no les gusta el oxígeno. Aunque te parezca que en la boca debe haber mucho oxígeno, porque en parte respiramos por ella, entre los dientes y las encías hay muchos pequeños ecosistemas sin oxígeno, donde proliferan esas bacterias anaerobias. Las bacterias pueden producir sustancias adherentes y crecer sobre la superficie de los dientes, formando biopelículas o *biofilms* de cultivos mixtos que forman la placa dental. Los ácidos producidos por estos microorganismos de la placa dental dañan la superficie del diente y provocan la caries dental. La relación entre el consumo de azúcar y la caries dental no es directa. En realidad el azúcar no produce caries, sino que el exceso de azúcar lo que favorece es la formación de esas biopelículas bacterianas que se pegan en la placa dental. Y la acción directa de esas bacterias que producen ácidos es lo que daña la placa dental y acaba produciendo la caries, una de las enfermedades infecciosas más comunes.

Otro ecosistema muy complejo es la piel. En la piel hay lugares grasos —como la frente o la espalda—, otros más húmedos —la nariz, la axila o las ingles—, y hasta zonas muy secas —los brazos o las palmas de las manos—. En la piel hay una población enorme y muy heterogénea de bacterias. Hay cerca de mil especies bacterianas diferentes, y la complejidad y estabilidad de la comunidad microbiana depende del lugar de la piel. Así, unas especies predominan en lugares más grasos, mientras que otras están preferentemente en regiones más húmedas. Curiosamente, el lugar con mayor diversidad microbiana es el antebrazo y el de menor diversidad la parte posterior de la oreja. Cuando se compara la diversidad de bacterias en la piel entre distintas personas, los sitios más similares a todos ellos son las fosas nasales y la espalda, y los más distintos los dedos, las axilas y el ombligo. Las bacterias más frecuentes en la piel son *Propionibacterium*, *Corynebacterium*, *Staphylococcus* y *Streptococcus*. El análisis de la microbiota de la piel puede contribuir a explicar por qué ciertas enfermedades cutáneas aparecen en determinados lugares y no en otros.

Debido a la extrema acidez de los fluidos del estómago —aproximadamente pH = 2—, este constituye una auténtica barrera contra los microorganismos. Sin embargo, nuestros intestinos son un buen ecosistema para los microbios. Ya sé que no suena muy bien, pero el estudio de los microorganismos presentes en las heces fue calificado como uno de los diez mejores del 2011 por la revista *Science*. Ese año se publicó un estudio comparativo de los microbiomas intestinales de diferentes poblaciones humanas. Para estudiar los microbios del intestino no hay más remedio que analizar las heces, por eso en este libro vamos a hablar tanto de caca, con perdón. En este estudio se tomaron muestras de heces de 22 europeos: daneses, franceses, italianos y españoles —que también aportamos nuestras muestras—. Los resultados se compararon con datos similares ya publicados de 13 japoneses y 4 americanos. Por tanto, se analizaron un total 39 muestras de heces de individuos distintos sanos. En un gramo de heces humanas puede haber entre 10.000 y 100.000 millones de bacterias y un adulto sano puede eliminar diariamente más de 30 billones de bacterias: ¡30 millones de millones! En nuestro intestino se han identificado 2172 especies de bacterias. El 93 % pertenecen a cuatro grandes grupos de bacterias: *Actinobacterias*, *Bacteroidetes*, *Firmicutes* y *Proteobacterias*. Pero, además, los investigadores, dentro de la enorme complejidad y variedad de microbios presentes en el intestino, han clasificado a las personas en tres tipos o enterotipos, según las bacterias dominantes: *Bacteroides*, *Prevotella* y *Ruminococcus*. Esta clasificación no estaba correlacionada con la edad, el peso, el sexo o la nacionalidad de los individuos: a las bacterias de las heces les da igual que seas sueco o español, son muy parecidas en los distintos países. Cada enterotipo difería en cómo procesaba la energía y en qué vitamina producía, factores que podrían influenciar la salud de la persona. Lo que sí se ha comprobado es que la dieta puede influir, como veremos luego: *Bacteroides* se ve favorecido en dietas carnívoras, mientras que *Prevotella* lo hace en dietas vegetarianas.

También se ha estudiado la composición de virus en heces, en concreto en parejas de gemelos idénticos y sus respectivas madres. Las muestras se tomaron en tres ocasiones a lo largo de un periodo de un año, y los resultados se compararon con la composición bacteriana de las mismas muestras. Este estudio confirmó que la composición de la microbiota bacteriana en las muestras fecales era muy similar entre gemelos y sus respectivas madres, a diferencia de lo que ocurría entre individuos no relacionados. Por el contrario, la población de virus fue única para cada persona. Además, hubo muy poca variación en la composición de la población de virus de un mismo individuo a lo largo del año que duró el estudio, dominando un tipo concreto de virus con una gran estabilidad genética. Parece ser por tanto que la composición viral del intestino es algo muy personal y estable, con poca dependencia de factores genéticos, al contrario de lo que sucede con la población de bacterias intestinales.

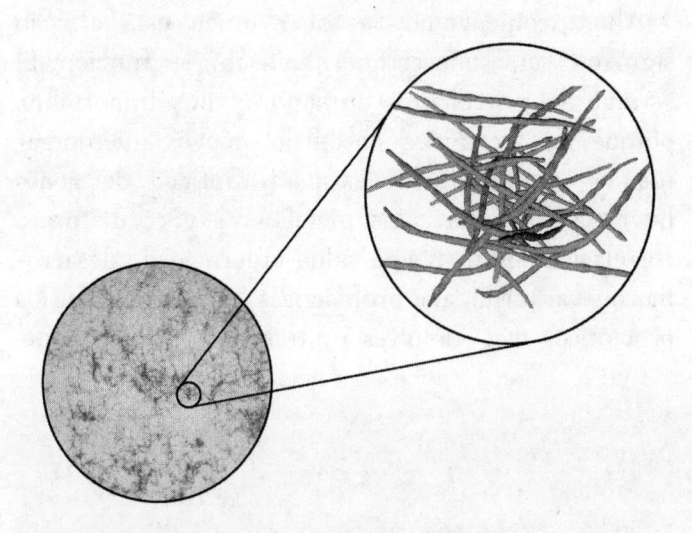

Los actinomicetos son bacterias anaerobias grampositivas. *Actinomyces* vive en las encías humanas y causa infecciones en procedimientos dentales, abscesos orales y actinomicosis.

¿Y con qué bacteria nos llevamos mejor? ¿Cuál es la más abundante de todas en nuestro cuerpo? Es el estreptococo, una bacteria diminuta con forma de pelotita que a veces incluso se puede transformar en un patógeno peligroso. De hecho, también se han encontrado que casi todo el mundo lleva en su interior algunas bacterias que son patógenas. No son patógenos de alto riesgo, sino lo que se denominan oportunistas como *Staphylococcus epidermidis, Streptococcus pneumoniae, Haemophilus influenza, Listeria monocytogenes, Neisseria meningitidis* o *Neisseria gonorrhoeae*, entre otros. Estos patógenos simplemente coexisten con el resto de la microbiota, que las mantiene a raya con la ayuda de nuestras defensas, cuando estamos sanos.

Ahora comenzamos a saber quién está ahí; lo siguiente será conocer qué hacen ahí, su función. El estudio del microbioma humano es muy importante, porque nos permitirá encontrar nuevos microorganismos, nuevas funciones para cantidad de genes huérfanos, nuevas rutas metabólicas y regulatorias, correlacionar microbiota-salud-enfermedad, desarrollar nuevas estrategias profilácticas y aplicaciones de los probióticos, etc. Como ves, un trabajo muy interesante.

LAS BACTERIAS VIVEN EN COMUNAS, SON COTILLAS Y MUY PROMISCUAS

Para entender bien el mundo microbiano y su interacción con nuestro cuerpo, tenemos que conocer cómo viven en realidad las bacterias. Y las bacterias son muchas, viven todas juntitas en comunas, se comunican entre sí y son muy promiscuas. Normalmente nos imaginamos que, como las bacterias son organismos unicelulares, son unos seres tristes y solitarios que viven aisladas flotando en suspensión. Y nada más lejos de la realidad, la mayoría de las bacterias viven sobre superficies en comunidad, formando lo que se denomina un tapiz, biopelícula o *biofilm*. Son conglomerados de bacterias y otros microorganismos de distintas especies que viven todos juntos en una matriz común, normalmente atrapados en una especie de moco pegajoso de polisacáridos y proteínas. Así es como nos las encontramos en la naturaleza, formando microcolonias de millones de individuos juntos: en el suelo, en el curso de un río, alrededor de las raíces de las plantas, sobre el epitelio de nuestro intestino o en las encías de nuestra boca, como hemos visto.

Y vivir en comunidad tiene sus ventajas, la unión hace la fuerza. Es un sistema de autodefensa: las bacterias en una biopelícula son más resistentes a las agresiones externas, sobreviven mejor y se facilita su propagación. Las bacterias en una biopelícula son mucho más resistentes a los antibióticos o al sistema inmune, por ejemplo. Pero, además, al estar juntas las bacterias se comunican entre sí. Las bacterias son cotillas y cuchichean entre ellas. Son capaces de saber que están en grupo y de hacer cosas que no harían cuando están solas —vamos, más o menos como tu hijo adolescente—. Es un fenómeno que se denomina «percepción del quórum», saben cuándo hay quórum suficiente para llevar a cabo una nueva función todas juntas. La percepción del quórum es un mecanismo para evaluar la densidad de la población. Muchas bacterias emplean este sistema para asegurarse de que hay suficiente número de ellas antes de iniciar una actividad que requiere una cierta cantidad de individuos para que funcione de forma efectiva. Por ejemplo, una bacteria que libera una toxina no tendrá ningún efecto si ella solita es la que la libera. Producir esa toxina una célula sola es una pérdida de tiempo y de energía. Sin embargo, si están presentes muchas bacterias juntas, la liberación coordinada de esa toxina puede tener un efecto devastador. Para que funcione este sistema, las bacterias liberan una molécula señal o inductora al exterior, que difunde a su alrededor. Si son muchas las bacterias que hay alrededor, la concentración de inductor en el medio será muy alta y podrá entrar al interior de la célula. El inductor dentro de la célula actuará como una señal para activar o desactivar la expresión de un determinado gen o función. Si hay pocas células, habrá poco inductor y no tendrá efecto; solo si hay un número suficiente de bacterias, si hay quórum, el sistema se activará. De esta forma tan sencilla, pero elegante, las bacterias se comunican entre ellas y son capaces de producir y liberar desde polisacáridos para formar las biopelículas hasta toxinas o enzimas bioluminiscentes que producen luz. Ahora comenzamos a conocer un poco más de cómo esas moléculas inductoras o señal que producen las bacterias en comunidad pueden alterar o modificar la microbiota intestinal, por ejemplo.

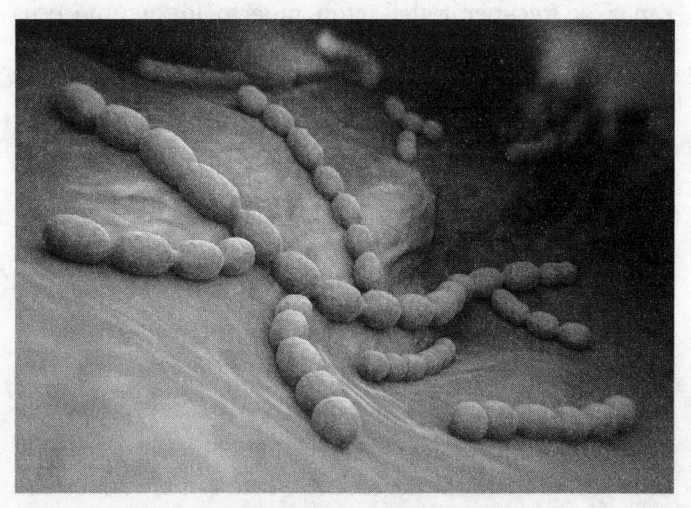

Streptococcus pneumoniae. Bacterias patógenas Gram positivas en forma de coco.

Y otra estrategia para la supervivencia de las bacterias es su enorme capacidad para intercambiar genes entre ellas, su promiscuidad. La primera descripción de que existe transferencia de genes entre bacterias es de hace casi un siglo. En 1928, un tal Frederick Griffith quería entender por qué las bacterias de *Streptococcus pneumoniae*, más conocido como el neumococo, eran capaces de producir neumonía. Griffith trabajaba con dos cepas distintas de neumococo: una que tenía una cápsula alrededor y era capaz de matar a un ratoncito de laboratorio y otra sin esa cápsula que no le hacía nada al ratón. Comprobó que, como era de esperar, los neumococos con cápsula, pero muertos e inactivos por calor, no eran capaces de matar al ratón; sin embargo, si esos neumococos con cápsula muertos los mezclaba con neumococos vivos sin cápsula, el ratón se moría. Y no solo eso, sino que además fue capaz de recuperar del ratón muerto los neumococos vivos..., pero con cápsula. Era como si los neumococos muertos con cápsula ¡hubieran resucitado! o como si la cápsula hubiera pasado de los neumococos muertos a los vivos, como si hubieran heredado la cápsula. Griffith lo definió como un «principio transformante» capaz de transformar al inofensivo neumococo vivo sin cápsula en capsulado y mortal. Date cuenta de que los científicos de aquella época utilizaban el término «principio» cuando no tenían ni idea de lo que era. Fue en 1944 cuando otros investigadores, Avery, MacLeod, y McCarty, descubrieron que ese «principio transformante» era en realidad el ADN, el material hereditario. Este fenómeno, que se denomina transformación, es muy frecuente entre las bacterias y consiste en la incorporación de pequeños fragmentos de ADN libre del medio al interior de las bacterias. Lo que le ocurrió a Griffith es que, al matar por calor a sus virulentos neumococos con cápsula, estos se rompían y liberaban trozos de su ADN, donde estaban los genes para la síntesis de la cápsula. Los otros neumococos vivos sin cápsula inocuos eran capaces de incorporar esos trocitos de ADN, sintetizar la cápsula y transformarse en virulentos. Esta fue la demostración de que algunas bacterias pueden adquirir genes a través de pequeños trozos de ADN que haya en el medio.

Unos años después, en 1946, otros investigadores, Joshua Lederberg y Edward Tatum, descubrieron un nuevo sistema de intercambio de genes entre las bacterias: la conjugación. En este caso la transferencia de genes requiere un contacto directo entre las bacterias, por eso algunos definieron a este fenómeno como «sexualidad bacteriana», y en parte no les falta razón. Fíjate cómo ocurre. Durante la conjugación una bacteria actúa como donante —¿macho?— y contiene una pequeña molécula de ADN que se denomina plásmido. Esta bacteria donante sintetiza un pequeñísimo tubo hueco, que se denomina *pili* sexual, que entra en contacto directo con la bacteria receptora —¿hembra?— y forma un puente de conjugación. Después del contacto, los *pili* se contraen y acercan la bacteria receptora hasta que ambas quedan estrechamente unidas. A través de este tubo la bacteria donante inyecta una copia de ese plásmido de ADN a la receptora, que a partir de ese momento se transforma en un potencial donante. Y esto lo puede hacer una bacteria donante con varias receptoras que tenga alrededor. De esta forma tan sencilla, multitud de bacterias intercambian genes entre ellas. Ya ves que el termino «promiscuidad sexual» entre bacterias no era muy exagerado. Las bacterias utilizan la conjugación para transferir información genética en muchos ambientes distintos. Si alguno de esos genes confiere resistencia a los antibióticos, el resultado es que la resistencia a los antibióticos se extiende rápidamente entre la población de bacterias. De esto hablaremos más adelante.

Pero la promiscuidad bacteriana no acaba aquí, las bacterias también pueden intercambiar genes empleando los virus como vehículos. Algunos virus infectan específicamente a las bacterias, son los denominados bacteriófagos o virus que se comen bacterias. Estos virus pueden capturar material genético de una bacteria y depositarlo en otra, es la transferencia genética por transducción. En algunos casos ocurre cuando el virus se multiplica dentro de la bacteria y por error empaqueta un trozo de ADN bacteriano, en vez del ADN del virus. Ese virus erróneo, cuando infecta una nueva bacteria, le inyectará el ADN de la bacteria original. No habrá infección viral, pero sí intercambio de genes bacterianos. Por tanto, de forma natural, desde hace millones de años, las bacterias emplean virus como vectores o vehículos para pasarse genes de unas a otras. Algo que los humanos hemos aprendido a utilizar desde mediados del siglo XX y a lo que llamamos ingeniería genética.

Estos mecanismos de sexo y promiscuidad entre la bacterias es la transferencia horizontal de genes —la vertical es la de padres a hijos— y es un hecho muy común y frecuente en la naturaleza, no solo entre bacterias, sino también de bacterias a arqueas y de procariotas a eucariotas, incluso. Estos procesos han contribuido a aumentar la diversidad y la variabilidad genética de los seres vivos y han influido en su evolución. Pero también influyen en la relación entre los microorganismos y su entorno, y en concreto entre la microbiota y nuestro organismo, un complejo ecosistema repleto de interacciones entre multitud de seres vivos distintos: los microbios y nuestras células.

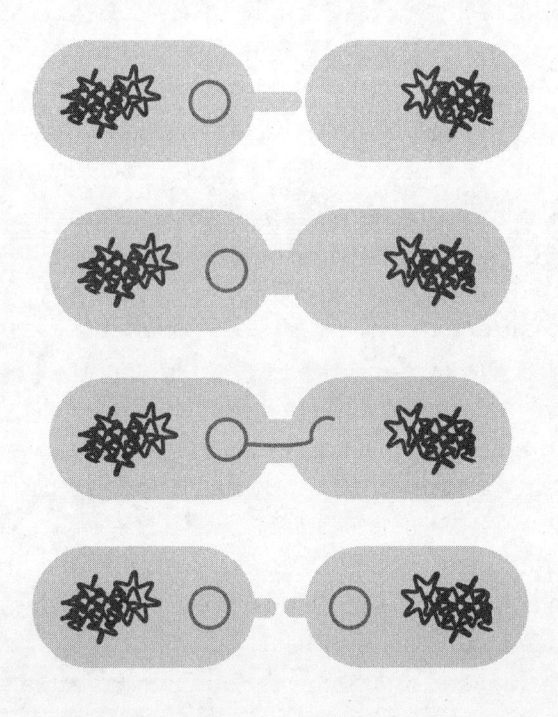

Mecanismo de transmisión de un plásmido entre dos bacterias.

NO HAY NADA COMO UNA MADRE

Ya hemos visto quiénes están ahí, pero ¿de dónde vienen?, ¿cómo entran en nuestro cuerpo? Desde el mismo momento del nacimiento, comenzamos a reunir nuestros propios microbios, que serán distintos de los de otras personas. Formarán nuestro conjunto de microbios: bacterias, virus, hongos, protistas y otros microorganismos. La composición de nuestra microbiota va a depender de muchos factores: de cómo hayamos nacido, de la dieta que tuvimos cuando éramos bebés, del uso de antibióticos cuando éramos pequeños, del ambiente en el que crecimos e incluso de los que vivían con nosotros y de si tuvimos mascotas.

El primer contacto con los microbios lo heredamos de nuestra propia madre. Durante más de un siglo, la idea de que el útero materno era una especie de santuario estéril en el que se desarrollaba el feto y que el recién nacido adquiriría sus microbios durante el momento y después del parto ha sido aceptado como un dogma. Según esto, los bebés nacen estériles y adquieren sus microbios de forma vertical —directamente de la madre conforme pasan por el canal del parto— y horizontalmente —de otros humanos y del ambiente después de nacer—. Fue ya en 1885 cuando Theodor Escherich describió que el meconio —las primeras heces del bebé nada más nacer— estaban libres de bacterias viables, lo que sugería que el feto humano se desarrolla dentro de un ambiente estéril. En algunos trabajos posteriores se encontraron bacterias en el meconio y se pensaba que eran por contaminaciones en el momento de la toma de muestras o mientras eran procesadas. La presencia de bacterias en la placenta o en el líquido amniótico era consideraba una infección o una contaminación originada durante la expulsión. La placenta se consideraba una barrera protectora del feto contra los microbios patógenos que pudiera haber en la sangre de la madre. De hecho, la placenta tiene una serie de características anatómicas, fisiológicas e inmunológicas que evitan la contaminación bacteriana, que previenen y combaten la amenaza microbiana y que solo puede ser atravesada por algunos patógenos especializados en ello.

El hecho de que desde hace años se puedan obtener en el laboratorio animales libres de microbios desde su nacimiento en ambientes estériles —no solo ratones y ratas, sino también cobayas, conejos, perros, gatos, cerdos, cabras, ovejas, marmotas y chimpancés— es una evidencia de que en los mamíferos no ocurre una transferencia de microbios desde el útero materno. ¿Y en humanos? ¿Se han conseguido humanos libres de microbios desde su nacimiento? Pues sí. La verdad es que obviamente son casos muy raros, pero en 1969 se describió el primer caso de un bebé con una enfermedad inmunológica grave que nació por cesárea en una cámara de aislamiento y que se mantuvo durante seis días en aislamiento estéril completo. Durante ese tiempo, se demostró la ausencia de bacterias en el bebé por test microbiológicos clásicos.

A pesar de todos estos hechos, algunos estudios recientes que han empleado técnicas moleculares de amplificación y secuenciación de genes sugieren que existen comunidades bacterianas en la placenta, en el líquido amniótico, en el cordón umbilical y en el meconio en embarazos sanos sin signos de infección o inflamación. Estos descubrimientos han hecho que muchos científicos hayan cambiado del paradigma del útero estéril al de la colonización dentro del útero, una hipótesis que cambia radicalmente nuestra idea de cómo adquirimos nuestros primeros microbios. Según esta nueva hipótesis, el útero contiene su propia microbiota, que contribuye a la colonización del feto. Existe por tanto lo que podríamos denominar un «microbioma fetal» en el útero, aunque todavía poco caracterizado. Con estás técnicas se ha encontrado ADN microbiano en la placenta, el líquido amniótico, el meconio y el calostro —la primera leche que produce la madre después del parto—. Los géneros bacterianos más frecuentes en la placenta y el líquido amniótico suelen ser *Enterobacter* y *Escherichia*, seguido de *Propionibacterium*. Algunos autores han propuesto varias rutas por las que las bacterias de la madre se pueden mover hasta la placenta y colonizar el feto en el útero, desde el tracto genital, a través de la sangre de la madre o dentro de células inmunes desde el intestino o la boca.

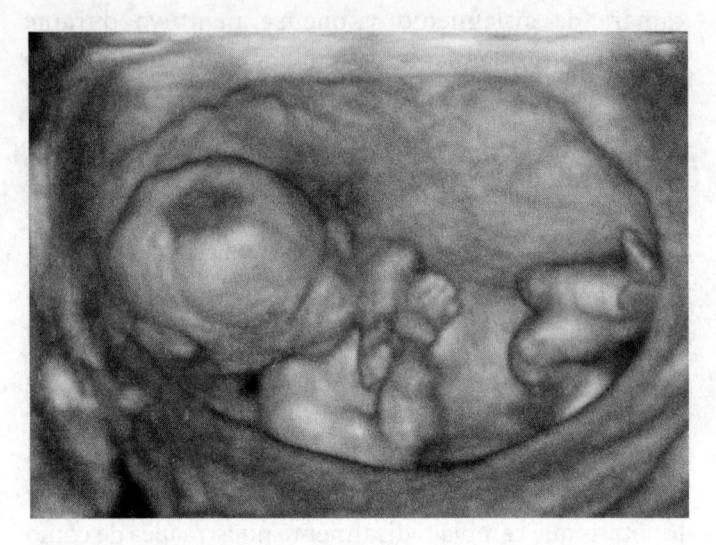

Imagen de un feto obtenida por ultrasonidos.

Por tanto, no nacemos estériles, sin microbios, sino que ya desde que estábamos en el útero materno teníamos microbios que, lógicamente, habíamos heredado de nuestra madre. No solo los genes, el color de los ojos o la forma de la nariz, de tu madre también has heredado los primeros microbios. No obstante, hay quien no acepta esta nueva idea de que las bacterias colonizan al bebé cuando está en el útero antes de nacer. Algunos creen que todos los datos de presencia de ADN microbiano se deben a contaminaciones y que lo que realmente están detectando son productos bacterianos como el ADN en vez de bacterias vivas y viables. Sea como fuere, dentro del mismo útero o en el momento del parto, de lo que no hay duda es de que los primeros microbios los heredamos de nuestra madre.

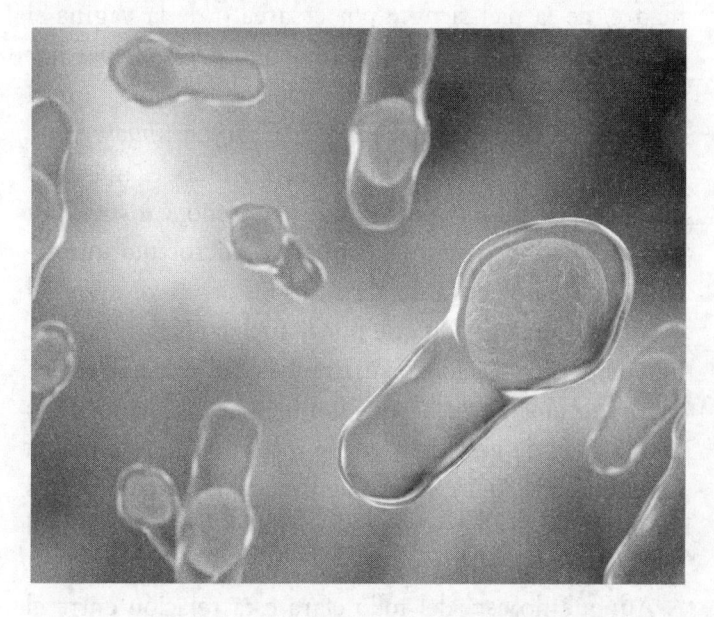

Ilustración en tres dimensiones de la bacteria *Clostridium difficile*. Estas bacterias son parte de la microbiota intestinal y causan colitis pseudomembranosa.

El modo en el que nacemos también puede haber influido en nuestra microbiota, sobre todo en las bacterias que primero colonizan nuestro intestino. Se ha comprobado que la microbiota intestinal de bebés que nacen por cesárea —sin ruptura del saco amniótico ni membranas— es más parecida a los microbios de la piel de la madre. Por el contrario, la microbiota de los niños que nacen de forma natural por vía vaginal es más parecida a los microbios de la vagina de la madre, en la que domina la bacteria *Lactobacillus*. O sea que, en el momento de nacer, el bebé también recolecta los microbios de su madre, de la piel si nace por cesárea o de la vagina si es un parto natural. Así, el intestino de los bebés por cesárea comparado con el de los nacidos de forma natural es más rico en *Staphylococcus* y *Propionibacterium*, menos en *Bacteroides* y *Bifidobacterium*, y es más fácil que sea colonizado por patógenos como *Clostridium difficile*. Este patrón diferente en la microbiota intestinal se mantiene durante al menos los primeros años del bebé y se ha sugerido que puede incluso influir en una mayor predisposición a sufrir obesidad o asma en los niños nacidos por cesárea. También se ha demostrado que la edad de gestación puede influir en la microbiota intestinal del bebé: la estructura de la microbiota es diferente en los bebés prematuros y en los que nacen al final del embarazo.

Aunque no está del todo clara esta relación entre el modo de nacer, la microbiota y la frecuencia de enfermedades, en algunos hospitales se ha puesto de moda la práctica de embadurnar al bebé con los microbios de la vagina de la madre cuando nace por cesárea. Se trata de asegurarse de que el bebé tendrá los mismos microbios que habría tenido si hubiera nacido de forma natural. Para ello, una hora antes de la operación, colocan una gasa estéril en la vagina de la madre y la dejan hasta que comience la cesárea. Entonces la colocan en un contenedor estéril y, pocos minutos nada más nacer el bebé, lo embadurnan por todo el cuerpo con la gasa llena de los microbios de la madre. Obviamente no es lo mismo que estar en contacto con la microbiota vaginal en un parto natural, pero esta práctica parece que enriquece la microbiota del bebé en bacterias del grupo de los Lactobacilos y los Bacteroides, dos grupos de bacterias saludables que suelen estar disminuidas en la microbiota de bebés nacidos por cesárea. Sin embargo, hay dudas sobre la efectividad real de esta práctica. Por una parte, el número de estudios que se han realizado es muy pequeño y es necesario analizar lo que pasa con un número mayor de bebés. Por otra parte, parece que esta práctica afecta menos a la composición de los microbios intestinales que a los de otras partes del cuerpo del bebé. Además, de momento no hay forma de saber si embadurnar al bebé con microbios vaginales tendrá algún efecto en la salud futura del niño. Hay que asegurarse también de que la madre no sea portadora de algún microorganismo patógeno, que podría tener consecuencias desastrosas para el bebé. De momento, la relación entre el nacimiento por cesárea y su efecto en la salud son meras hipótesis interesantes. Yo personalmente no llevaría las cosas hasta el extremo de embadurnar al bebé con microbios de la vagina de la madre.

Nada más nacer, los bebés no solo recolectan microbios de sus madres, sino de cualquier persona que los toque o de cualquier cosa con la que entren en contacto: la comadrona, el médico, el personal sanitario, y también el padre, los abuelos y el resto de visitas. Los bebés que nacen en casa estarán expuesto a microbios diferentes de los que nacen en el hospital. ¿Qué es mejor? Pues no lo sabemos, pero estas pequeñas diferencias —parto vaginal o cesárea, parto en casa o en el hospital— afectan a la composición de microbios del bebé y pueden tener un impacto en su salud.

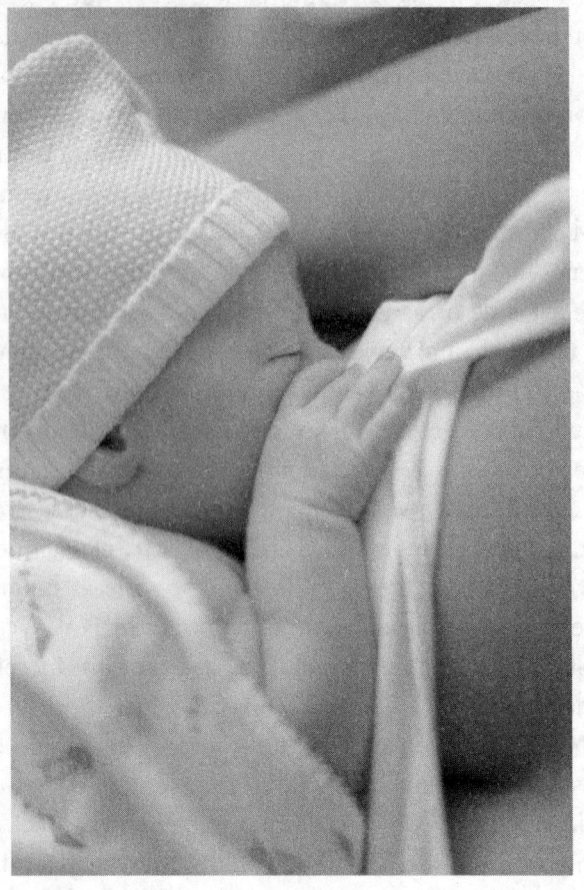

En el calostro se pueden hallar más de 700 especies de bacterias.

Según acabamos de ver, nuestra microbiota comienza a formarse incluso antes de nacer y depende al principio de cómo hayamos nacido. ¿Y cómo influye la alimentación del bebé en la composición de sus microbios?, ¿hay diferencias si se le alimenta de forma natural con leche de la madre o con leche artificial con biberón?, ¿qué es mejor para sus microbios, amamantarle o darle biberón? Pues si, también influye que hayamos sido amamantados o que hayamos tomado biberón. La leche materna tampoco está estéril. En el calostro y en la leche de madres sanas se han llegado a identificar cientos de especies bacterianas distintas. El origen de esos microbios sigue siendo un misterio. Los bebés alimentados con leche materna tienen una microbiota enriquecida en Bifidobacterias y Lactobacilos, mientras que los que toman biberón tienen una comunidad bacteriana más diversa y con un aumento de otras bacterias como *Escherichia coli*, *Clostridium* y *Bacteroides*. Además, se ha visto que las bacterias que se aíslan de la leche de la madre y de las heces del bebé son semejantes. Cerca del 30 % de las bacterias intestinales del bebé vienen de la leche materna y otro 10 % de la piel de la madre, son bacterias que están alrededor del pezón de la madre. Son las bacterias de la leche materna las que acaban colonizando el intestino del bebé, al menos durante los primeros meses. Por tanto, el tipo de alimentación del bebé influye en los microorganismos de su intestino. Pero no solo eso, la misma leche materna ayuda también a alimentar a los propios microorganismos del bebé, actuando como un auténtico prebiótico. Uno de los componentes más abundante en la leche materna son los oligosacáridos, unas moléculas compuestas por unos pocos azúcares, que los bebés no pueden digerir durante los primeros meses. ¿Para qué sirven entonces? Estos oligosacáridos de la leche materna ayudan a que aumente la población de Bifidobacterias en el intestino del bebé y son predominantes durante los cuatro primeros meses de vida. Se ha descubierto además que algunas de estas Bifidobacterias tienen unas enzimas específicas y únicas, capaces de descomponer esos azúcares de la leche materna y usarlos como nutriente. Se trata de una auténtica relación simbiótica de los microbios del bebé y la composición de la leche de la madre, que a lo largo de millones de años han evolucionado de forma conjunta para hacer al bebe más saludable, especialmente a sus defensas. ¡Apasionante! Pero aún hay más: estos oligosacáridos son más que un alimento para los microbios del bebé. Hay datos que sugieren que los oligosacáridos actúan como antiadhesivos antimicrobianos, que previenen que los microbios patógenos como *Streptococcus pneumoniae* o *Listeria monocytogenes* se unan a la superficie de la mucosa del intestino del bebé. Así disminuyen el riesgo de una infección. La alimentación con leche materna protege además de la aparición de diarreas y de enterocolitis en el recién nacido, y se ha asociado a una reducción de riesgo de padecer inflamaciones intestinales. Parece por tanto que lo mejor no solo para la salud del bebé, sino también para los microbios es un parto natural y la leche materna. ¡No hay nada como una madre! Es importante alimentar a los microbios del bebé tanto como darle de comer al propio bebé.

COMPARTES MICROBIOS CON TU FAMILIA… Y CON TUS MASCOTAS

No nos damos cuenta, pero estamos continuamente expuestos y en contacto con los microbios. En las últimas décadas ha aumentado dramáticamente el tiempo que pasamos en el interior de nuestra casa, en la oficina o dentro de un edificio. Algunos calculan que el 92 % de nuestro tiempo lo pasamos en el interior de los edificios, por lo tanto los microbios a los que estamos expuestos proceden en su inmensa mayoría de ambientes interiores. Además, nosotros mismos vamos dejando microbios por donde pasamos: se calcula que una persona es capaz de emitir alrededor de un millón de pequeñas partículas cada hora, y la mayoría de esas partículas contienen bacterias. Existe un intercambio de microbios por el contacto directo entre nosotros, cuando nos tocamos, tocamos objetos comunes o respiramos el mismo aire de una habitación. Se ha comprobado que cada uno de nosotros está rodeado por una nube de microbios particular que nos acompaña y nos caracteriza. Para demostrar esto un grupo de investigadores analizaron la nube de bacterias alrededor de once personas sanas, que permanecieron en unas habitaciones desinfectadas, con aire filtrado y ventilación estéril controlada. Comprobaron que cada persona tiene su propia nube de bacterias, que es diferente del resto, de forma que se puede llegar a identificar a cada individuo según la composición de la nube de bacterias que le rodea. No sabemos cómo de extensa es esa nube, hasta dónde llega, pero algunos han estimado que puede alcanzar un diámetro de unos 90 centímetros. Por tanto, cada persona está rodeada por una nube de millones de microbios. Los microbios que nos encontramos a lo largo del día también dependen de la gente con la que convivas o, mejor dicho, de la nube de microbios de tu familia, de tus colegas y de los extraños con los que te cruces en la calle.

Para demostrar cómo se comparten los microbios entre personas que habitan en la misma casa, han estudiado la composición de la microbiota en la piel, la lengua y el intestino en muestras de 60 familias que conviven juntas, algunas con hijos y otras con perros como mascotas. Y han analizado también la microbiota en los perros de esas familias. Han comprobado que las personas que comparten la misma casa tienen una microbiota más parecida entre ellos que los individuos que no viven juntos. Los miembros de una misma familia tienden a tener el mismo nivel de diversidad bacteriana y comparten los mismos microbios. Además, los hijos primerizos tienen una microbiota menos rica y diversa que los hijos con hermanos mayores, lo que sugiere que la transferencia de bacterias entre hermanos es diferente conforme la familia va aumentando. Todo esto tiene bastante sentido, compartimos muchas cosas con nuestros padres, nuestros hijos y nuestros hermanos —no solo has heredado la ropa de tu hermano mayor—, también microbios, sobre todo los microbios de la piel. Al compartir el mismo ambiente también estamos compartiendo la misma comunidad microbiana, que está en las superficies, en nuestra «nube» o en el aire.

Por mucho que te empeñes en limpiar, barrer y pasar el aspirador, siempre hay polvo en una casa. Pero además, si tienes perro en casa la composición del polvo es diferente. Han comprobado que las personas que conviven con un perro comparten también microbios con ellos. La microbiota que se ve más influenciada por la presencia de las mascotas es la de la piel. Parece ser, por el contrario, que los microorganismos intestinales dependen más de la edad y de otros factores que del ambiente y de las personas que nos rodean. La microbiota de la piel de personas con perro se parece más a la de su perro que a la de otros perros que no convivan con ellos. Además, si tienes perro tienes en tu piel una composición microbiana diferente que si no tienes. Dos adultos que viven juntos y tienen perro comparten más microbios en su piel entre sí que dos adultos que no viven juntos y sin perro. Tener perro favorece el que compartamos entre nosotros los microbios de la piel. Tu microbiota va a depender por tanto de tu mascota.

También compartimos microbios con el mejor amigo del hombre: el perro.

Pero hay más ejemplos de cómo intercambiamos microbios entre nosotros, algunos muy curiosos. Por ejemplo, se ha analizado qué pasa con los microbios de la boca cuando nos damos un beso íntimo, apasionado. El contacto boca a boca se observa en otros animales, en peces, aves y primates, pero el beso íntimo con contacto entre las lenguas e intercambio de saliva parece ser exclusivamente humano y es común en más del 90 % de las culturas. Algunos autores han sugerido que el beso íntimo podría ayudar a valorar y seleccionar afectivamente a tu futura pareja, según la sensación química que produzca la saliva. Otros han postulado que el beso íntimo ha evolucionado para proteger a la mujer embarazada contra peligrosas infecciones uterinas causadas por citomegalovirus, por ejemplo, que se trasmiten por la saliva: la exposición al virus antes del embarazo podría inmunizar a la madre y proteger al feto. En realidad son meras hipótesis y no sabemos la razón por la que los humanos nos besamos. Pero, ya sea para seleccionar nuestra pareja o para inmunizar a la madre, no cabe duda de que los microbios que residen en la boca cumplen un importante papel. En este estudio han analizado la microbiota de la lengua y de la saliva en 21 parejas después de un beso íntimo, pero bajo la atenta mirada de los investigadores. Han comprobado que después del beso las parejas intercambian parte de la microbiota de la lengua y que las bacterias del otro permanecen durante horas en la saliva de su nuevo inquilino. Les preguntaron también cuál era la frecuencia de sus besos en los últimos meses y parece ser que la microbiota de la saliva es más parecida en parejas que se besan mucho: cuanto más beses a tu pareja más se parecerá la composición de microbios de la saliva entre vosotros. Parece obvio..., pero había que demostrarlo. Incluso han calculado que son necesarios al menos nueve besos al día durante 1 h y 45 min para que el efecto en la microbiota en la saliva se mantenga. También han calculado el número de bacterias que intercambiamos en un beso. Para eso, prepararon un yogur con bacterias, Lactobacilos y Bifidobacterias, que habían marcado previamente, y se lo dieron a beber a una de las parejas. Después de un beso apasionado durante solo diez segundos, tomaron muestras del receptor y calcularon el número de bacterias del yogur que habían pasado de uno a otro. La conclusión fue que en un beso íntimo de solo diez segundos somos capaces de intercambiar unos 80 millones de bacterias. Así que ya sabes, cuando os deis un beso no solo estáis intercambiando todo vuestro amor, sino también algo tan íntimo como varios millones de vuestras bacterias.

VITAMINA B₉

RACIÓN DIARIA RECOMENDADA
- 400 mcg
- 400 mcg

Alimentos:
- LENTEJAS 358 mcg
- ESPINACAS 263 mcg
- ESPÁRRAGOS 262 mcg
- PAPAYA 115 mcg
- AGUACATE 90 mcg

ESTRUCTURA QUÍMICA

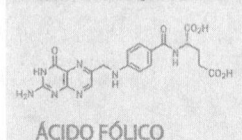

ÁCIDO FÓLICO

FUNCIONES

- INTERVIENE EN EL FUNCIONAMIENTO CORRECTO DEL CEREBRO
- REPARA ADN Y RNA
- AYUDA EN LA PRODUCCIÓN DE GLÓBULOS ROJOS
- INTERVIENE EN EL DESARROLLO SALUDABLE DEL FETO

TODO CAMBIA CON LA EDAD

Como has visto, todo contribuye a construir nuestra propia colección de microbios: el contacto con nuestra madre, con nuestra familia o con los amigos con los que convivimos, nuestras mascotas, los besitos de nuestra pareja o la nube de microbios de tu vecino. Conforme vamos creciendo nuestra microbiota también va cambiando. Veamos ahora cómo cambian tus microbios con la edad.

El bebé recién nacido está cubierto de una mezcla bastante uniforme de microbios que representa unas pocas especies, la diversidad microbiana es muy baja. A las pocas semanas, el bebé ha ido recolectando microbios de su familia y del ambiente que le rodea y los microbios que viven en distintas partes del cuerpo comienzan a especializarse. Dependiendo de la humedad, de la disponibilidad de oxígeno o de la acidez, se van poco a poco diferenciando y especializando las distintas poblaciones de microbios: la microbiota de la piel comienza a ser distinta de la microbiota de la boca, por ejemplo. Incluso diferencias ambientales muy sutiles hacen que los microbios de distintas partes del cuerpo sean también diferentes: los microbios que viven en la mejilla son distintos de los de la nariz. En definitiva, nuestro cuerpo tiene muchos hábitats diferentes, cada uno con sus propias características. Cada hábitat será el hogar preferido para distintas poblaciones de microbios, como ya hemos visto. La microbiota de la boca también cambia mucho, sobre todo en estos primeros años: para los microbios no es lo mismo estar en la boca de un bebé sin dientes que con dientes. Además, la alimentación del bebé durante los primeros meses también influye en la microbiota de su intestino. Como hemos visto es distinta según se alimente de leche materna o de biberón, pero también cambia cuando el bebé pasa a tomar sólidos y comienza con los purés, por ejemplo. O sea, que los primeros meses del bebé no solo son una época de gran cambio para él, sino también para sus microbios. Conforme el niño crece, el número de especies de bacterias también continua aumentando, desde unas 100 especies en el intestino de un niño hasta más de 1000 en el adulto. En los primeros meses del bebé la microbiota intestinal está dominada por bacterias de los grupos *Proteobacterias* y *Actinobacterias*, pero con el tiempo se va diversificando y comienzan a dominar otros grupos como *Firmicutes* y *Bacteroidetes*. La microbiota del niño va cambiando y ya no se parece tanto a la de su madre, ahora influye también la del resto de familiares con los que convive. Con la edad la microbiota se modifica según también las necesidades nutricionales. Por ejemplo, los niños obtienen la vitamina B9 —ácido fólico— de sus microbios intestinales, mientras que los adultos la obtenemos de los alimentos: ellos tienen microbios que producen vitamina B9 y nosotros microbios que la consumen. Conforme el niño va creciendo, la población microbiana cambia muchísimo y aumentan las diferencias entre personas distintas. Hay muchos factores que influyen: la fiebre, el tomar antibióticos o el modificar hábitos en la alimentación producen cambios rápidos e importantes en la microbiota, cuyo efecto puede incluso durar toda la vida. En esta etapa de la vida, los cambios en la microbiota están muy influenciados por los cambios fisiológicos, del sistema inmune y del metabolismo del niño-adolescente. Alrededor de los dos años y medio, la composición, diversidad y función de la microbiota intestinal se parece mucho ya a la de un adulto.

A diferencia de lo que ocurre en el bebé y el niño, en el adulto la microbiota es cada vez más diversa, pero mucho más estable y más difícil de modificar. Todavía puede haber cambios, dependiendo de si hay una enfermedad, el estrés o cambios en la dieta, pero la población microbiana tiende a volver con el tiempo a su punto de partida. No obstante, hay etapas en la vida que influyen mucho en la microbiota. Durante la pubertad, por ejemplo, los cambios hormonales afectan a la grasa de la piel, lo que también influye en la composición de los microbios. Cuando te jubiles —bueno, mejor dicho, cuando llegues a la madurez adulta y te hagas más mayor—, tus microbios cambiarán, algunas especies serán más comunes y otras menos frecuentes.

Se observa, por ejemplo, que en la microbiota intestinal predomina la población del grupo *Bacteroidetes*. Después de los 65 años, el número de especies microbianas disminuye y la población de microbios se hace más similar entre individuos distintos: los abuelos tenemos menos diversidad de microbios y estos se parecen más entre todos nosotros. En ancianos con casos de malnutrición la microbiota se altera significativamente y aumenta el grupo de los *Clostridium*. En general, los adultos con una microbiota intestinal más diversa se correlacionan con un mejor estado de salud.

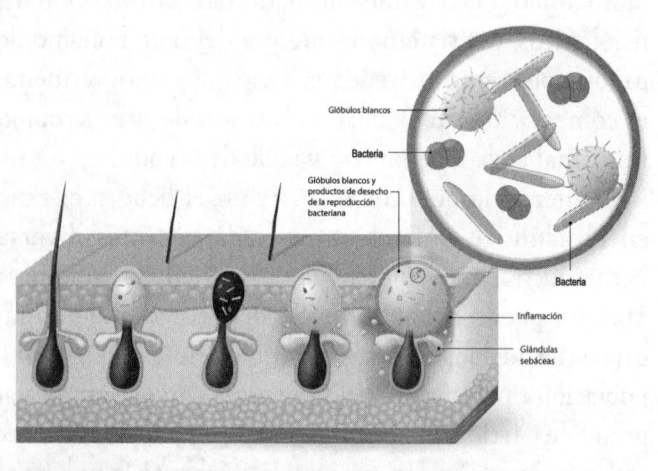

Acné vulgar o espinilla. El sebo y las células muertas de la piel que obstruyen el poro provocan el crecimiento de ciertas bacterias. Esto conlleva el enrojecimiento e inflamación asociados con las espinillas.

A pesar de la enorme variabilidad, hay algunas tendencias. Las poblaciones microbianas difieren más entre distintos sitios de nuestro propio cuerpo que entre individuos. Los microbios que viven en los antebrazos de dos personas diferentes tienden a ser más parecidos que los microbios del antebrazo y la oreja de una misma persona. Además, algunas especies de bacterias viven solo en el intestino, otras viven solo en los dientes y otras solo en la vagina, por ejemplo. También hay que tener en cuenta que hay muchas cosas que influyen en el ecosistema de nuestro cuerpo. Por ejemplo, se ha comprobado cómo cambia la microbiota de la mujer durante el embarazo. Para ello, se ha analizado semanalmente la composición microbiana de la vagina, el intestino, la saliva y la boca en cuarenta mujeres embarazadas, de las que once de ellas tuvieron un parto prematuro. Se comprobó que la microbiota de cada una de ellas permaneció relativamente estable durante todo el embarazo: estar embarazada no supone cambios en tus microbios. Sin embargo, sí que hubo un cambio muy brusco después del parto, con una disminución de las especies del género *Lactobacillus* y un aumento de la diversidad de bacterias anaerobias. Este cambio en la microbiota en algunos casos duró hasta un año después del parto. También se descubrió que las mujeres con un aumento de dos bacterias concretas en su microbiota vaginal —*Gardnerella* y *Ureaplasma*— tenían un mayor riesgo de tener un parto prematuro.

Estamos viendo que la microbiota cambia con la edad, pero también existe una enorme variabilidad en la población microbiana, incluso entre personas de la misma edad. Las especies microbianas que tenemos y el número mayor o menor de ellas no solo cambian con la edad, sino que también varían según seamos hombre o mujer, el tipo de dieta, el clima, la ocupación e incluso, como te puedes imaginar, la higiene personal. Pequeñas diferencias genéticas influyen en nuestra población microbiana, de forma indirecta afectando a cosas como la acidez del tracto digestivo o más directamente a través de la variación en las proteínas de nuestras células que se comunican con los microbios. Cada uno de nosotros acabamos teniendo una microbiota particular. No hay dos personas con exactamente la misma composición microbiana, ni siquiera entre gemelos idénticos. Si cada uno de nosotros tenemos un perfil propio de bacterias, ¿podemos llegar a identificar a una persona por su microbiota particular?

CSI: DESCUBRIR AL ASESINO POR LAS BACTERIAS DE SU PELO

Seguro que habrás visto algún capítulo de la serie *CSI —Crime scene investigation, Investigación en la escena del crimen—* en el que Grissom coge con sumo cuidado un pelo en la escena del crimen. Si el pelo en cuestión mantiene la raíz es relativamente fácil extraer el ADN y hacer un análisis del perfil genómico que, si coincide con el sospechoso, permite demostrar que el susodicho estuvo en la escena del crimen. Solo los calvos nos salvamos de esta técnica. Aunque el pelo es una de las muestras más empleadas en la investigación forense, a veces no permite un análisis tan preciso. Si el pelo es cortado o carece de raíz, la cantidad de ADN que se extrae es mucho menor y el análisis mucho más difícil.

El estudio del microbioma humano ha demostrado que la composición de bacterias no solo es diferente en cada parte del cuerpo, sino que también es distinta entre individuos, lo que podría ser interesante desde el punto de vista de la investigación forense. Por eso se ha analizado la composición microbiana del pelo humano, para ver si podría tener interés en la identificación de personas: ¿la composición de bacterias del pelo es diferente según las personas?, ¿podría ser empleado como herramienta forense adicional al análisis clásico del ADN? Para ello han empleado muestras de pelo de siete individuos sanos, tres hombres y cuatro mujeres, de entres 23 y 53 años de edad. Además, dos de ellos eran pareja. Los voluntarios cogieron muestras de su propio pelo de la cabeza y del pubis, en tres tiempos diferentes, al comienzo del estudio y dos y cinco meses después. Se extrajo el ADN de las muestras, en concreto de tres pelos, se concentró el ADN, se amplificó y se realizó una secuenciación masiva —tres pelos tiene mi calva, así que también yo también podría haber participado en este estudio—. Los resultados demostraron que el microbioma del pelo de la cabeza era muy similar en todos los individuos y no parece tener una aplicación forense clara.

Sin embargo, los datos obtenidos de las muestras de pelo del pubis tenían un mayor potencial para aplicaciones forenses que los del pelo de la cabeza. La composición microbiana del pelo del pubis fue muy similar en cada persona a lo largo del estudio, lo que sugiere que es bastante estable. Además, el microbioma del pelo del pubis, a diferencia del pelo de la cabeza, parece estar menos influenciado por factores ambientales. Sí que hubo diferencias entre sexos en la composición microbiana del pelo del pubis: el pelo de las mujeres tenía una mayor cantidad de bacterias del grupo *Lactobacillus*, prácticamente ausentes en el pelo de los hombres. Este dato, por ejemplo, permitía diferenciar claramente el origen del pelo según el sexo del individuo: podríamos averiguar si el malhechor era asesino o asesina. Como ya hemos visto, la presencia de *Lactobacillus* se puede explicar porque este grupo bacteriano es característico y uno de los más frecuentes en la vagina. Además, comparado con el pelo del pubis de los hombres, el de las mujeres tenía mayor diversidad microbiana. Los datos obtenidos de las dos personas —un hombre y una mujer— que eran pareja fueron también muy interesantes. El microbioma del pelo del pubis fue muy diferente entre ellos en las dos primeras muestras —tomadas al inicio y a los dos meses—; sin embargo, la composición fue muy similar en la última muestra, tomada en el quinto mes. Resulta que, a diferencia de lo ocurrido en las dos primeras muestras, esta pareja había mantenido relaciones íntimas antes de la toma de la última muestra de pelo. Según los investigadores, este resultado sugiere que durante el acto sexual puede haber también cierta mezcla de la microbiota que explicaría, por ejemplo, la aparición de *Lactobacillus* en la última muestra del pelo del hombre. Las muestras de la pareja compartían más microbios que las de los individuos que no eran pareja. Por tanto, durante el acto sexual también puede haber transferencia de bacterias ente las dos personas.

Estos datos sugieren que el análisis del microbioma del pelo del pubis puede tener interés como herramienta forense, especialmente en aquellos casos de un acto de violencia sexual. Este análisis podría ayudar a asociar a la víctima con el asaltante. Sin embargo, como pasa mucho en los estudios sobre la microbiota, son necesarios más análisis con un mayor número de muestras. Habrá que estar atentos a la próxima temporada de *CSI*: seguro que incorporan esta nueva técnica entre sus análisis.

¿POR QUÉ A TI TE PICAN LOS MOSQUITOS Y A MÍ NO?

El mosquito *Anopheles* es el mayor responsable en la transmisión de muchas enfermedades infecciosas. Durante la noche, las hembras detectan las señales olorosas de la piel y así eligen a su presa y el lugar donde picarle.

Quizá te has preguntado alguna vez por qué cuando estás en el campo a ti te pican los mosquitos y al que tienes a tu lado lo ignoran totalmente. Un equipo internacional de investigadores ha publicado que el tipo y la cantidad de bacterias que una persona tiene en la piel desempeñan un importante papel en la atracción de los mosquitos. Las bacterias de la piel son clave en la producción del olor corporal, porque convierten compuestos no volátiles en volátiles y olorosos. Sin bacterias, ¡el sudor humano no huele a nada! Así, el olor corporal de un individuo se ha correlacionado con la presencia de determinados microorganismos en la piel.

Se ha estudiado la estrecha relación entre el mosquito

y los seres humanos, y cómo la composición de la microbiota de la piel afecta a la atracción del mosquito.

Para ello, el estudio contó con 48 voluntarios varones entre 20 y 64 años, a los que se les pidió que no bebieran alcohol ni comieran ajo, cebolla o comidas picantes; tampoco podían ducharse durante todo el tiempo que durara el estudio. Las emanaciones de su cuerpo se recogían en minicontenedores especiales, que se mantenían adheridos a su piel durante diez minutos. La composición de microbios de su piel se determinó mediante recuento en cultivos y por secuenciación del gen ribosomal, como ya hemos visto en otros estudios. Los individuos se clasificaron como muy atractivos o poco atractivos para las mosquitos. Los resultados de la secuenciación demostraron que las personas que eran muy atractivas para el mosquito tenían una mayor abundancia pero menor diversidad de bacterias en su piel, a diferencia de las personas que eran menos atractivas para el mosquito. En general, las personas con más bacterias por centímetro cuadrado resultan más atractivas para los mosquitos, pero quienes más llamaban la atención de los insectos eran aquellos individuos que presentaban más cantidad y menos biodiversidad en la microbiota de su piel. Además, identificaron los géneros bacterianos que eran más atractivos para el mosquito, en concreto, la abundancia de *Staphylococcus* provocaba una mayor atracción de los insectos. Por otro lado, los individuos con una mayor diversidad de bacterias y una mayor abundancia de las bacterias *Pseudomonas* o *Variovorax* fueron menos atractivos para el mosquito y por tanto pueden recibir menos picaduras.

Por tanto, dependiendo del tipo de bacterias de la piel, te picaran más o menos mosquitos. Muchas enfermedades infecciosas están transmitidas por picaduras de insectos. El descubrimiento de la relación entre la población de bacterias en la piel y la atracción de los mosquitos podría permitir el desarrollo de nuevas sustancias atrayentes o repelentes para los mosquitos, y métodos personalizados para protegerse contra el vector de la malaria o de otras enfermedades infecciosas.

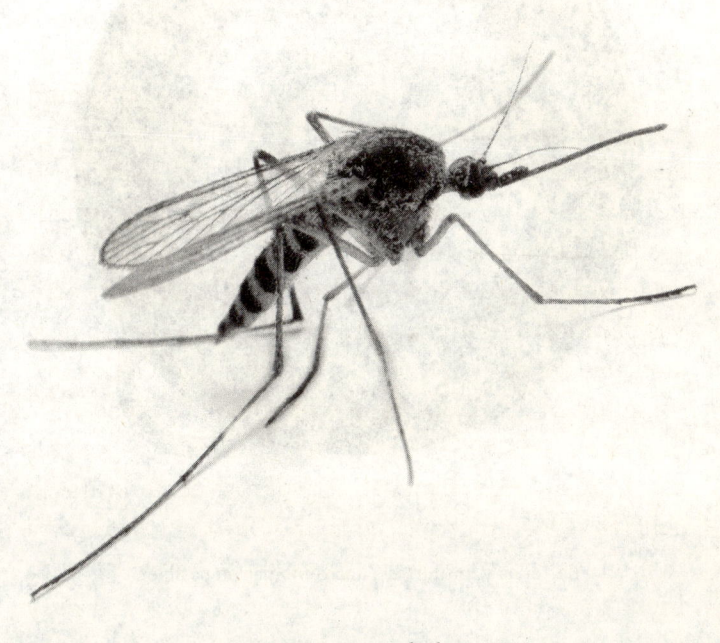

Género *Anopheles*.

Bacterias y butifarras, ¿una combinación posible?

EL PINTXO MICROBIANO

Desde 1991, cada mes de septiembre se celebra en el Harvard´s Sanders Theatre la ceremonia de gala de entrega de los prestigiosos premios Ig Nobel, organizados por la revista *Annals of Improbable Research*. Su objetivo no es ridiculizar la ciencia, sino premiar la ciencia que nos puede hacer primero reír y luego pensar: descubrimientos buenos que son al mismo tiempo extraños, divertidos e incluso un poco absurdos.

En 2014 el premio Ig Nobel en la categoría Nutrición fue para un grupo de microbiólogas de un instituto de investigación y tecnología agroalimentaria de Cataluña. El trabajo premiado llevaba por título «Caracterización de bacterias del ácido láctico aisladas de heces de bebés como potenciales cultivo iniciadores probióticos para la fermentación de salchichas». Sí, has leído bien: usar bacterias aisladas de las caquitas del bebé para hacer salchichas —bueno, en este caso probablemente butifarras o fuet catalán—. El trabajo fue publicado en la revista *Food Microbiology*, un buen *journal* para los que se dedican al área de la microbiología de los alimentos. El estudio incluía 43 muestras de heces de bebés sanos de hasta seis meses de edad. En realidad, las muestras eran pañales que los papás llevaban al laboratorio no más tarde de 24 horas después del «evento». Las autoras han aislado un total 109 bacterias lácticas de esas muestras de la microbiota intestinal de los bebés y las han identificado por métodos moleculares y de secuenciación. La mayoría eran del género *Lactobacillus*, que son las bacterias más empleadas en los procesos de fermentación para fabricar alimentos como las salchichas, los chorizos y otros embutidos. Por eso, las microbiólogas estudiaron algunas propiedades de estos *Lactobacillus* de bebés, como su capacidad para crecer en el laboratorio, para inhibir el crecimiento de bacteria patógenas como *Salmonella* o *Listeria*, su supervivencia en condiciones similares a las del tracto intestinal o su susceptibilidad a los antibióticos. Por supuesto, estas bacterias aisladas de la caca del bebé son parte de su microbiota, es decir, no son bacterias patógenas, no producen enfermedades. Así, seleccionaron seis *Lactobacillus* que fueron ensayados como cultivos iniciadores de la fermentación en la fabricación de salchichas. Demostraron que tres de ellos, denominados *Lactobacillus casei/paracasei* CTC1677, *Lactobacillus casei/paracasei* CTC1678 y *Lactobacillus rhamnosus* CTC1679, fueron capaces de liderar la fermentación y acabar dominando la población de bacteria con concentraciones de hasta 100 millones de *Lactobacillus* por gramo de salchicha. Esto confirma que estos *Lactobacillus* de la caca del bebé pueden ser empleados como buenos cultivos iniciadores probióticos para fabricar salchichas. La conclusión de este curioso trabajo es que las bacterias intestinales, que resisten las condiciones ácidas del estómago y las sales biliares del intestino, pueden ser empleadas como probióticos; que los embutidos pueden ser empleados como vehículos para transportar esas bacterias al interior del cuerpo; y que en definitiva podemos emplear bacterias aisladas del intestino para fabricar salchichas.

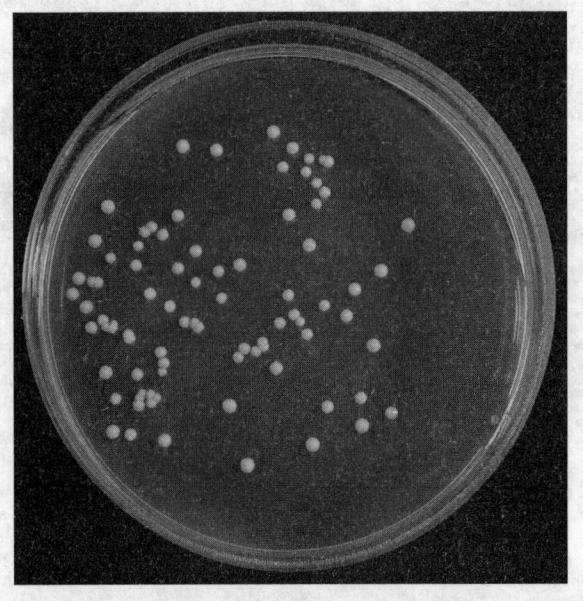

Cultivo en placa de petri de *Saccharomyces cerevisiae*.

Pero seamos serios, por favor, ¿te comerías tú una butifarra fabricada con bacterias aisladas de la caca del bebé? Pues… ¡claro que sí! Los microbios son responsables de la fabricación de muchos alimentos. En realidad no te comes los microbios, sino el producto de la actividad de esos microbios.

Levadura fresca prensada, instantánea seca y masa madre fermentada con las que se hacen pan.

Pensemos, por ejemplo, en las levaduras. *Saccharomyces cerevisiae* es un hongo unicelular, una levadura, sin cuya presencia la vida en el planeta sería un poco más aburrida. Sin *Saccharomyces* no habría pan, por ejemplo, y lo que es peor, ¡no existiría ni el vino ni la cerveza! Sin levadura la vida sería más dura, sin duda. La levadura *Saccharomyces* es capaz de llevar a cabo la fermentación de los azúcares, de forma que estos se trasforman en alcohol —etanol— y CO_2. Pero hay muchos más alimentos producto de la fermentación de otros microbios. Bacterias como *Lactobacillus*, *Lactococcus*, *Streptococcus* y *Propionibacterium* y hongos como *Penicillium* fermentan los productos lácteos e intervienen en la fabricación del queso, del yogur o de la mantequilla. Y, como hemos visto, las salchichas y otros embutidos deben sus propiedades a las fermentaciones microbianas.

¿Te has preguntado alguna vez de dónde salen estos microbios con los que fabricamos alimentos? Pues del ambiente, son microbios que están en el suelo, en la superficie de los vegetales o en el interior de los animales. Nos podemos imaginar, por ejemplo, cómo se fabricó el primer queso de la historia. Quizá hace miles de años un pastor nómada guardó leche recién ordeñada en una de sus bolsas fabricada con la piel o las tripas de su cabra y las bacterias ahí presentes acabaron fermentándola. El pastor se dio cuenta de que así la leche fermentada le duraba más tiempo, le sentaba mejor —el pastor seguro que era intolerante a la lactosa—, sabía distinto, y decidió perfeccionar el invento. Como sabemos, todavía hoy en día muchos quesos adquieren el sabor y la textura características gracias a las bacterias y los hongos del ambiente en el que se maduran. Algunos se maduran incluso en cuevas, donde los hongos ambientales crecen sobre su superficie y le dan ese toque o sabor especial. ¿Qué te crees que son esas manchitas azules y verdosas de los quesos como el Roquefort o el Cabrales? Son hongos y mohos del tipo *Penicillium*. Y lo mismo podemos pensar que ocurrió con la primera cerveza de la historia, por ejemplo. Los egipcios ya fabricaban cerveza. Quizá alguien dejó unas vasijas con cebada, que se mojaron con agua de lluvia y que se mezclaron con levaduras del suelo o del ambiente. Al cabo de unos días comprobaron que aquel líquido resultante alegraba el espíritu. Y repitieron felizmente el experimento. Son, por tanto, bacterias, hongos y levaduras del suelo, del ambiente, las que hemos ido seleccionando a lo largo de la historia para fermentar alimentos. Por eso, no es de extrañar que algunos microbiólogos sigan buscando nuevas bacterias y levaduras para fabricar alimentos. Algunos incluso buscan microbios de nuestro propio cuerpo.

En el fondo, el trabajo del que hablábamos antes, el de los *Lactobacillus* del bebé, no es tan original. Christina Agapakis es una microbióloga que realizó su doctorado en la Universidad de Harvard. Está fascinada por la enorme biodiversidad de los microbios humanos y su similitud con las bacterias que se emplean para fabricar queso. En su proyecto Selfmade ha tomado muestras de varias zonas de la piel del cuerpo de algunos de sus colaboradores y amigos y ha aislado en el laboratorio las bacterias presentes en esas muestras. Tras analizarlas mediante secuenciación del ARN ribosomal, ha seleccionado algunas también del género *Lactobacillus*. Luego ha empleado estas bacterias obtenidas de las manos, los pies, la nariz o el ombligo para fermentar leche pasteurizada y... ¡fabricar quesos! Son quesos «de autor», con distintos aromas y texturas según las bacterias que ha empleado. En sus estudios ha utilizado las más sofisticadas técnicas de análisis organolépticos y química analítica. Ha demostrado, por tanto, que se pueden emplear *Lactobacillus* de nuestra propia microbiota para fermentar quesos.

Queso de Cabrales.

Y no es el único caso. John Maier es un maestro cervecero de la Rogue Brewing Company de Oregón, en EE. UU. Hace unos años, en su pasión por buscar nuevos aromas en su cerveza, tuvo la original idea de aislar levaduras de su propia barba, que no se había cortado desde 1978. A partir de muestras de su barba consiguió aislar unas levaduras de *Saccharomyces*, que empleó para fermentar y fabricar cerveza. Consiguió así su famosa Beard Beer, una rubia de estilo *American Wild Ale*, suave y aromática, con un 5,6 % de alcohol y que comercializa a 7 dólares la pinta. Como ves los microbios están en todas partes, también en nuestro cuerpo, y los podemos emplear incluso para fabricar alimentos. ¡Buen provecho..., si te atreves!

Con los *Lactobacillus* del bebé, los que aislamos del ombligo y las levaduras de la barba nos podemos acabar preparando un buen *pintxo* o tapa de queso y salchichas con una cervecita. Pero los microbios de nuestro cuerpo tienen que servir para algo más: ¿cuál es la función de nuestra microbiota?, ¿para qué están esos microbios ahí?

MANTENER A RAYA
AL ENEMIGO

Ya hemos visto que durante nuestros primeros años de vida la microbiota es muy variable y que va estabilizándose con la edad. A estas alturas ya sabemos también quiénes están ahí, quiénes son los microbios que pueblan nuestro cuerpo. Pero, ¿qué hacen ahí y cuál es su función?

Fue el mismo Louis Pasteur quien ya en 1885 predijo que la existencia de los animales sería imposible sin la vida microbiana y propuso la generación de animales libres de microorganismos para estudiar la relación entre los microbios y su huésped. Varios años después se obtuvieron los primeros animales libres de gérmenes, que nacen en el laboratorio en condiciones higiénicas y sin microbios y se mantienen en ambientes estériles. Entonces se comprobó que los animales libres de microbios padecían muchos problemas de salud: tienen muchos problemas digestivos y no desarrollan de forma normal el epitelio intestinal. Además, tienen defectos estructurales y funcionales en el sistema inmune: defectos en el bazo, el timo y los nódulos linfoides, producen menos anticuerpos, y son mucho más susceptibles de ser infectados por otros microbios patógenos y padecer infecciones. En definitiva, aunque son viables y sobreviven, están hechos polvo. Esto sugiere que la naturaleza de la microbiota que adquirimos los primeros meses de nuestra vida es fundamental para el desarrollo de nuestras defensas y para una buena salud.

Louis Pasteur.

Una de las funciones más importante de nuestra microbiota es protegernos contra la colonización de otros microorganismos que pueden ser patógenos, los malos. La microbiota forma una barrera microbiana contra otros microorganismos patógenos y supone una resistencia a ser colonizados. La microbiota es capaz de mantener a raya a los patógenos sobre todo por tres motivos: evitan la colonización del enemigo, estimulan las defensas frente a ellos y mantienen la barrera intestinal. Veamos algunos ejemplos.

Los patógenos tienen que competir por los mismos nutrientes que la microbiota natural. Si el nicho ecológico ya está ocupado por otros, el patógeno tendrá más difícil obtener nutrientes, hacerse un hueco y colonizar ese nicho. La bacteria intestinal *Bacteroidetes*, por ejemplo, consume los azúcares que emplea el patógeno *Citrobacter* e impide así que este colonice el intestino. Algunas bacterias intestinales producen un tipo de ácidos grasos que inhiben la expresión de varios genes de virulencia de cepas patógenas de *Salmonella* y *E. coli*. Otras producen bacteriocinas, pequeños péptidos con actividad antimicrobiana, que inhiben a los patógenos. Recientemente se ha realizado una estimación de casi 600 posibles genes candidatos a sintetizar compuestos antimicrobianos en toda la microbiota intestinal, que podrían mantener a raya a otros competidores. También se ha descrito cómo algunos microbios intestinales son capaces de metabolizar compuestos derivados de los ácidos biliares que se producen en el hígado, que actúan como inhibidores de bacterias patógenas. En la piel, la bacteria *Streptococcus epidermidis* estimula nuestras células para que produzcan sustancias que inhiben el crecimiento de otras bacterias. Y en la vagina, *Lactobacillus* fermenta los azúcares y produce ácido láctico para reducir el pH, e inhibir así a otros microorganismos, que no resisten la acidez. De forma similar, las bacterias de la piel degradan los ácidos grasos y producen ácidos que mantienen un pH bajo, lo que impide que nos colonicen otras bacterias.

Otra función importante de la microbiota intestinal es el mantenimiento de la integridad de los epitelios, de la barrera intestinal. Nuestros microbios influyen en que nuestro epitelio, que actúa como barrera física contra la invasión de los patógenos, se mantenga sano e íntegro. Se ha comprobado que la microbiota intestinal influye en el mantenimiento de las uniones entre las células del epitelio, que permanecen así como un muro bien cementado e inexpugnable. Además, las bacterias intestinales contribuyen a la producción de mucina, componente principal de la capa de moco que recubre el epitelio. Así se consigue que esa capa siga siendo lo suficientemente gruesa y espesa como para evitar la entrada de los patógenos, que quedan atrapados en el moco viscoso que rodea el epitelio. Cuando se altera la microbiota se reduce el grosor de la capa de moco protector y se degrada la barrera epitelial. Por tanto, en las vías respiratorias y en el intestino, los microbios buenos de la microbiota mantienen la integridad de los epitelios y evitan que sean invadidos por los patógenos.

La colonización de las mucosas por las bacterias de la microbiota durante los primeros meses de vida ocurre al mismo tiempo que el sistema inmune se va desarrollando y madurando. Son dos hechos íntimamente relacionados. Cada vez tenemos más evidencias de que nuestro sistema inmune, nuestras defensas, están muy influenciadas por cómo se haya desarrollado nuestra microbiota durante los primeros años de edad. Como veremos luego, la microbiota puede influir en que nuestro sistema inmune se eduque y se desarrolle correctamente, o sea más susceptible a las enfermedades en el futuro. Se ha comprobado que algunas bacterias intestinales influyen en la maduración de los linfocitos, un tipo de células de nuestro sistema inmune, e inducen la producción de inmunoglobulinas protectoras, como la IgA por ejemplo. Nuestra microbiota estimula y entrena nuestras propias defensas, nuestro sistema inmune contra los patógenos, mientras que le enseña a tolerar a nuestros propios microbios. Algunas bacterias intestinales liberan sustancias que inhiben la inflamación y que impiden una sobreactuación de nuestras defensas contra nuestros propios microbios, que como estamos viendo son unos buenos tipos y nuestros amigos.

Pero en esta guerra entre nuestra microbiota y los patógenos no siempre vencen los buenos. Es una batalla en la que los patógenos también aprenden a combatir y han desarrollado estrategias para escapar de la acción protectora de nuestros microbios. Por ejemplo, algunos patógenos intestinales son capaces de emplear como nutrientes compuestos que nuestra microbiota no puede metabolizar y otros producen toxinas que alteran la composición y la diversidad de nuestra microbiota. Se trata en definitiva de una relación muy compleja entre la microbiota y algunos patógenos. Conocer y entender cada vez mejor cómo se relacionan puede ayudarnos a desarrollar nuevas terapias que permitan a nuestros buenos microbios seguir manteniendo a raya a los patógenos invasores.

¿ESTOY GORDO O SON MIS MICROBIOS?

Se calcula que a lo largo de toda una vida una persona puede acabar comiendo 60 toneladas de alimento, que pasan a través de su intestino. A lo largo de millones de años, los microbios intestinales han coevolucionado con nuestro propio cuerpo para juntos hacernos cargo de semejante cantidad de comida. Se trata de una compleja relación de mutuo beneficio. Los microbios de nuestro intestino tienen una gran actividad metabólica y sintetizan una enorme cantidad de compuestos distintos que pueden tener efectos sobre ellos mismos y sobre su huésped. Nuestros microbios influyen en el control de nuestro metabolismo, en cómo digerimos y en cómo almacenamos los nutrientes. Ya hemos contado que nuestros microbios son capaces de degradar las sales biliares, lo que puede afectarnos al metabolismo de las grasas. La actividad de nuestros microbios hace que algunos nutrientes sean más fácilmente asimilables por nuestro intestino. Además: degradan las proteínas a aminoácidos asimilables; fermentan polisacáridos que nosotros no podemos degradar, como el almidón; producen ácidos grasos; incluso son capaces de romper algunas drogas y toxinas, y neutralizar su efecto. Se calcula que el 10 % de las calorías que absorbe nuestro cuerpo dependen de nuestros microbios. También producen cofactores y vitaminas esenciales que necesitamos para nuestro metabolismo, sin las que no podríamos vivir y que nuestro cuerpo no sabe sintetizar, como las vitaminas B12 y K, la riboflavina y la biotina, los ácidos nicotínico, fólico, pantoténico, la tiamina, etc. Estas vitaminas y compuestos son esenciales para la coagulación de la sangre, cuando nos hacemos una herida, para regular la concentración de azúcar, para estimular nuestros sistema inmune, para que nuestro cerebro funcione correctamente y para muchas otras funciones.

La microbiota también pueden influir en cómo se desarrollan nuestros órganos. Por ejemplo, los microbios producen dos compuestos esenciales, los ácidos grasos araquidónico y docosahexaenoico, de la familia de los omega-6 y los omega-3. Son compuestos esenciales que nosotros no producimos, o lo hacemos en muy baja cantidad, y que influyen en el desarrollo del cerebro en los bebés —por eso se suelen incluir en las fórmulas para los biberones—. Además, se ha detectado que nuestras bacterias intestinales son capaces de producir compuestos que pueden actuar como señales para nuestro cerebro, como la serotonina, la melatonina, la acetilcolina, el GABA y otros que pueden afectar a nuestro apetito o a nuestro peso. El ácido butírico, por ejemplo, que se produce por la fermentación de los microbios intestinales, no solo puede servir como fuente de energía para nuestras células epiteliales, sino también para aumentar la sensación de saciedad.

La comida que comes no solo afecta directamente a tu cuerpo, sino que también influye en tu microbiota. Nuestra comida también es alimento para nuestros microbios y diferentes dietas pueden influir en la comunidad microbiana: el tipo de dieta puede ser crucial para tener una microbiota sana. Cambiar los microbios intestinales de una persona no parece nada fácil y todavía no sabemos exactamente cómo hacerlo de forma duradera. Entre otras cosas porque el mismo ecosistema microbiano que ya tenemos establecido en nuestro intestino influye en cómo se absorben y se procesan los nutrientes. Por ejemplo, si tus microbios están entrenados a una dieta diaria de hamburguesas y *pizzas*, no responderán a una dieta saludable de la misma forma que si estuvieran acostumbrado a una dieta rica en verduras y frutas.

Por eso, una pregunta interesante es saber cómo responden individuos con microbiotas diferentes cuando se mejoran sus hábitos alimenticios, o si podemos diseñar una dieta capaz de reprogramar la microbiota intestinal. Para ello, lo primero que hicieron un grupo de investigadores fue analizar las bacterias del intestino de personas que seguían dietas diferentes: ¿cómo es la microbiota en personas que siguen dietas muy distintas? Un grupo consumía la típica dieta americana, de más de 3000 calorías diarias, rica en proteínas de origen animal, poca fruta y verdura,

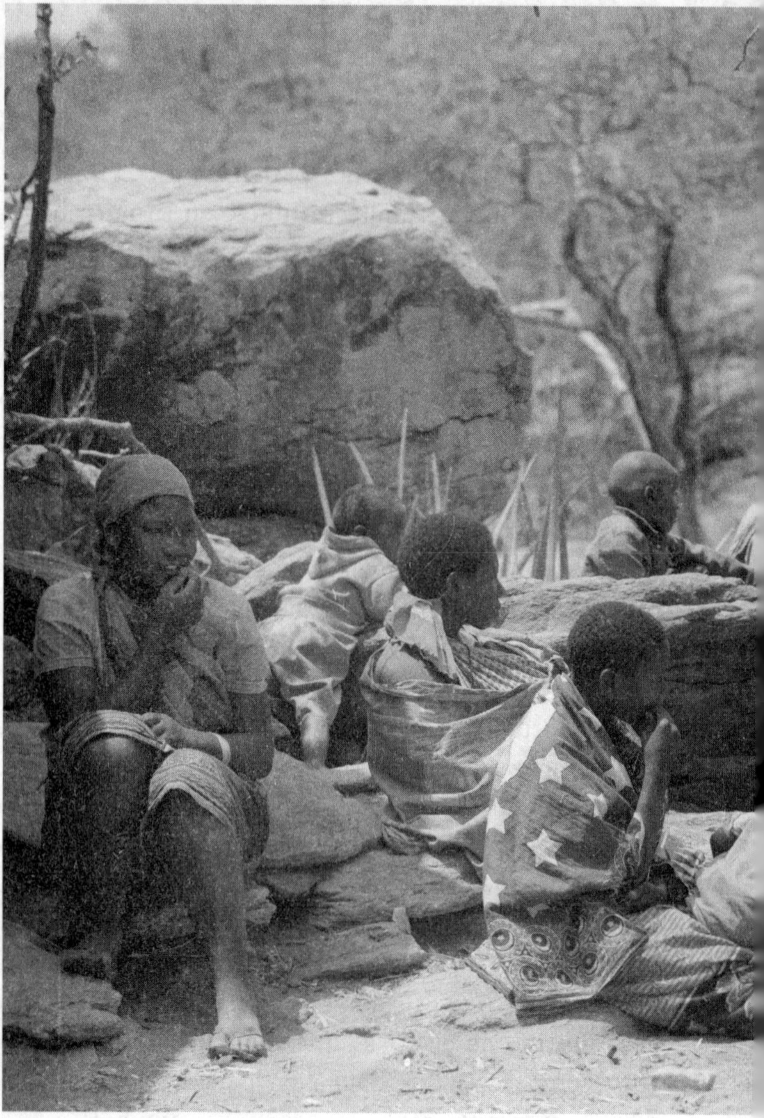

Apenas llegan a los 1000; los hadza continúan viviendo como hace 10.000 años. Ellos cazan y ellas recolectan y prepraran frutos y tubérculos.

y mucha hamburguesa y *pizza*. El otro grupo eran devotos de las dietas de restricción calórica, que llevaban al menos dos años siguiendo una dieta de menos de 1800 calorías al día, rica en verduras y frutas, mucha menos proteína de origen animal, tres veces menos de carbohidratos y la mitad de grasa que el primer grupo. Como ya te puedes imaginar, para analizar las bacterias intestinales tomaron muestras de heces, de un total de 232 adultos que seguían algunas de las dos dietas. Los primeros resultados demostraron que las personas con una dieta baja en calorías tenían una comunidad microbiana mucho más rica y diversa que las que comían la típica dieta americana. Además, llevaban en su intestino algunas cepas de bacterias saludables, que se sabe que promueven la salud, y que eran únicas en los que llevaban esta dieta rica en verduras y frutas. Este trabajo demuestra lo que ya se sabía, que la dieta puede condicionar el tipo de bacterias intestinales.

Sabemos que la composición de la microbiota varía con la dieta, el estilo de vida y el ambiente externo. Por tanto, el estilo de vida puede influir en los microbios de nuestros intestinos. Para explorar esta variación y entender cómo las bacterias han podido coevolucionar con los humanos, un grupo de investigadores han estudiado la diversidad microbiana en una comunidad de la tribu hadza y la han comparado con la microbiota de un grupo de italianos urbanitas, que como buenos mediterráneos se alimentan de productos de la agricultura y la ganadería y de alimentos procesados, como *pizza* y pasta, por ejemplo. Los hadza son una tribu de cazadores-recolectores de Tanzania. Viven en el Parque Nacional del Serengueti y se calcula que son unos mil individuos. No cultivan la tierra, no crían ganado y viven sin reglas ni calendarios —esto último te da envidia, ¿eh?—. Su forma de vida ancestral es similar a la de hace decenas de miles de años, antes incluso del uso de la agricultura por los seres humanos. Como ni cultivan plantas ni domestican animales, su dieta consiste solo en alimentos silvestres, principalmente carne de animales silvestres, miel, tubérculos, frutas y baobabs. En este estudio han tomado muestras de heces de 27 voluntarios de la tribu hadza y de 16 italianos. Los análisis y las comparaciones de las secuencias de ADN de las muestras han permitido concluir que los hadza tiene una riqueza y una biodiversidad microbiana mucho mayor que la de los italianos. Algunas características son únicas de los hadza, como la ausencia prácticamente total de bifidobacterias, algo inesperado y que hasta ahora no se había visto en ningún estudio sobre la microbiota intestinal humana. Quizá esto puede estar relacionado con que los hadza no están en contacto con animales de granja y domesticados. Otra característica de los hadza es el aumento o enriquecimiento en el intestino de bacterias de los grupos *Prevotella*, *Treponema*, *Bacteroidetes* y de un tipo peculiar de *Clostridium* y *Ruminococcus*, probablemente relacionado con su dieta rica en plantas fibrosas. También se observó entre los hadza una diferencia por sexos, las bacterias intestinales de las mujeres eran diferentes de las de los hombre. Quizá esto también pueda estar relacionado con una clara división de las tareas entre los sexos y con diferencias en la dieta: las mujeres hadza comen más plantas y tubérculos, mientras que los hombres son más carnívoros y toman más miel.

Este estudio demuestra que el estilo de vida moderno, industrializado, influye en nuestros microbios y coincide con una tendencia a reducir la diversidad microbiana. Quizá podemos sugerir que cuanto más urbanitas somos, menos diversa es nuestra microbiota intestinal.

Estamos viendo cómo individuos con distinta dieta tienen también distinta microbiota. Para estudiar cómo la microbiota intestinal responde a un cambio de dieta —¿cambia la microbiota al modificar la dieta?—, los investigadores recogieron bacterias del intestino de humanos y las trasplantaron a ratoncitos crecidos en condiciones de esterilidad, sin bacterias en su intestino. Los ratones tenían, por tanto, microbiota intestinal de personas con dieta americana o de personas con dieta rica en verduras y frutas. Luego alimentaron a los dos tipos de ratones con las dos dietas para ver cómo cambiaban las comunidades microbianas trasplantadas. Comprobaron que el peso de los ratones no estaba influido por el tipo de microbios del donante, sino por la dieta que habían tomado. Es decir, independientemente de los microbios del intestino, los ratones que más engordaron fueron los que habían tomado la dieta americana —pues vaya…, ¡las hamburguesas y las *pizzas* engordan más que la fruta y la verdura!—. Además, los ratones que habían sido trasplantados con la microbiota de humanos con dieta americana respondían peor a la dieta vegetal, su comunidad microbiana no aumentaba ni se diversificaba, eran más reacios al cambio. Dicho de otra forma, los que había recibido la microbiota de personas que se alimentaban de fruta y de verduras respondieron mucho mejor al cambio de dieta. Por tanto, la dieta puede alterar la composición de tu microbiota intestinal y viceversa, el tipo de microbios de tu intestino puede afectar a cómo respondas a una dieta determinada. Probablemente la mejor forma de cultivar una microbiota intestinal saludable sea con una dieta rica en frutas, verduras y fibras, al menos si queremos una microbiota más robusta, más rica y diversa, con más bacterias buenas y menos patógenos en nuestro intestino.

Si como estamos viendo hay relación entre mis microbios, la dieta y el metabolismo, ¿pueden tener relación mis microbios con la obesidad? ¿Y si lo de Obélix fuera por las bacterias? Como seguro sabes, Obélix, que cayó de pequeño en la marmita, no entiende por qué algunos dicen de él que es gordito: «Yo no estoy gordo, es que soy bajo de tórax», dice. Lo cierto es que la Organización Mundial de la Salud considera la obesidad y el sobrepeso una enfermedad. La obesidad aumenta el riesgo de padecer otras dolencias como enfermedades cardiovasculares, diabetes, osteoartritis, etc. Es el quinto factor principal de riesgo de defunción en el mundo y cada año fallecen más de un millón de personas adultas como consecuencia del sobrepeso. Más de una de cada diez personas de la población adulta mundial son obesas, y en EE. UU. más del 15 % de población es obesa. La obesidad es una condición muy compleja, que depende de muchos factores que interaccionan entre sí, como el ambiente, la genética y el estilo de vida. ¿Y los microbios, influye nuestra microbiota en si estamos gordos o no? La respuesta a esta pregunta es muy interesante, porque nuestra genética no la podemos cambiar, nuestros hábitos de vida nos cuesta mucho modificarlos, pero la microbiota intestinal podríamos llegar a cambiarla. Desde hace unos años se ha establecido una relación entre la composición de los microbios del intestino y la obesidad. Por ejemplo, al trasplantar la microbiota de una persona o de un ratón obeso a otro libre de gérmenes, se modifica su metabolismo, engordan más que si fueron colonizados por microbios de ratones normales, y aumenta su tendencia a padecer diabetes y síndromes metabólicos. En humanos, por ejemplo, ya hemos visto que la mayoría de las bacterias intestinales pertenecen a los grupos *Firmicutes* y *Bacteroidetes*. Pues bien, sabemos que la proporción *Firmicutes/Bacteroidetes* en el intestino es diferente según el peso y la dieta de la persona: los gordos tienen una tendencia a tener una microbiota más rica en *Firmicutes*. También hay estudios sobre cómo cambiar esta proporción de bacterias con distintas dietas. Como Obélix, algunos de nosotros también tenemos pequeños «problemas de tórax», pero a partir de ahora le podremos echar la culpa a los microbios. Sin embargo, no sabemos muy bien si la obesidad es una consecuencia de la microbiota o si por el contrario nuestra microbiota es la consecuencia de que seamos gordos. Modificar la microbiota intestinal puede ser una nueva estrategia para prevenir o tratar la obesidad, pero tampoco es fácil, como luego veremos.

Otro dato que tenemos que relaciona la microbiota intestinal con la obesidad es el efecto en nuestro organismo cuando empleamos antibióticos. El abuso de antibióticos pueden alterar la maduración y la composición de la microbiota intestinal, lo que se ha relacionado también con la obesidad. En animales se ha comprobado que los antibióticos que afectan a la microbiota intestinal pueden promover el engorde —ya hablaremos luego del uso masivo de antibióticos en ganadería—. El mismo efecto se ha encontrado en ratones de laboratorio que recibían penicilina o vancomicina, y aumentaron de peso. Existen también muchas evidencias de que los niños que reciben antibióticos antes del parto, o durante los primeros meses de vida para prevenir alguna infección, acaban teniendo una microbiota intestinal alterada menos diversa o con menos Lactobacilos y Bifidobacterias. Además estos niños tienen una mayor tendencia a la obesidad de adultos. Y en adultos humanos, algunos estudios muestran también aumento de peso después de un tratamiento con vancomicina, por ejemplo. Existe además evidencia de pacientes con *Helicobacter pylori* que experimentan un aumento de peso tras ser sometidos a tratamientos prolongados con antibióticos. Todos estos resultados ilustran que incluso los cambios transitorios en la microbiota intestinal que causan los antibióticos pueden tener efectos a más largo plazo en el metabolismo y relacionarse con la obesidad.

EN LA SALUD Y EN LA ENFERMEDAD

La microbiota es una compleja y dinámica población de microorganismos que forman parte de un ecosistema que somos nosotros mismos. El equilibrio entre las comunidades microbianas y nuestro organismo es de vital importancia para nuestra salud. Nuestra salud depende de nuestras bacterias. Acabamos de ver cómo la microbiota intestinal ayuda a regular el metabolismo y al desarrollo del sistema inmune. Y es que cada vez hay más datos sobre cómo cambios en nuestra microbiota pueden estar implicados en el desarrollo de distintas dolencias y enfermedades. Es lo que se conoce con el nombre de disbiosis: alteraciones en la composición de la microbiota que se asocian a determinadas enfermedades. Veamos algunos ejemplos.

Ya sé que suena mal y que no es un asunto muy agradable, pero tienes que tener en cuenta que hay personas que sufren de problemas intestinales y que evacuan una gran cantidad de gases. Te puedes imaginar que no lo deben pasar muy bien ni ellos ni los de su alrededor. Se trata de un problema serio de salud y por eso hay científicos que se dedican a estudiar este tipo de cosas. Las flatulencias —ventosidades, meteorismo, gases intestinales o pedos— se producen cuando quedan residuos de alimentos en el colon, que no se han absorbido bien y que se fermentan por las bacterias intestinales. El volumen que se expulsa depende principalmente de dos factores: la dieta y la composición y actividad metabólica de las bacterias del colon.

Se ha estudiado la influencia de la dieta en la evacuación de gas intestinal y en las bacterias del colon en pacientes con problemas de flatulencia. En este trabajo lo que se quería saber era el efecto de la dieta en la frecuencia de evacuaciones de gas y en el volumen de gas evacuado; si el número y volumen de gas evacuado era mayor en pacientes que sufren de flatulencia que en personas sanas; y si había una relación entre la dieta, la evacuación de gas y las bacterias intestinales. Para ello, compararon dos tipos de dietas, una normal y otra que causaba flatulencia —rica en alubias y habas, leche, cebollas, brócoli, coles, alcachofas, etc.— en 20 personas sanas y en 30 pacientes con problemas de flatulencia. Con la dieta normal, las personas sanas producían gases unas siete veces al día, mientras que los pacientes lo hacían 22 veces, aunque el volumen de gas total liberado era similar, unos 260 mililitros en seis horas. Con la dieta flatulenta, aumentaba la frecuencia de evacuaciones en los dos grupos, así como el volumen de gas evacuado —hasta 660 mililitros—. O sea, que con la dieta flatulenta, más cantidad y más frecuentes —bastante obvio—. Una conclusión fue que no son recomendables este tipo de dietas ni para ti ni para tus vecinos. Otra conclusión fue que los pacientes con problemas de flatulencia no es que expulsen más volumen de gases, sino que lo hacen más veces. No es problema de cantidad sino de frecuencia. Respecto al estudio de las bacterias —que es lo que nos interesa— comprobaron que con la dieta normal la composición de bacterias en las personas sanas y en los pacientes con flatulencia era muy similar. Sin embargo, la dieta flatulenta modificaba radicalmente la composición de la microbiota del colon: en concreto, se redujo la diversidad de bacterias. ¿Hubo alguna relación entre las bacterias y la frecuencia de flatulencias y el volumen de gas expulsado? Parece que sí. Los resultados de este trabajo demostraron que la bacteria *Bacteroides fragilis* se correlacionaba con el número o frecuencia de flatulencias, mientras que la bacteria *Bilophila wadsworthia* era responsable del volumen o cantidad de gas expulsado.

En definitiva, la dieta influye en la flatulencia, en los síntomas abdominales y problemas digestivos, y también en la estabilidad de las bacterias intestinales. Los pacientes con problemas de flatulencia tienen una peor tolerancia al gas intestinal, que está asociada a la inestabilidad de su ecosistema microbiano. Como ves, la próxima vez debes echarle la culpa a las bacterias. Lo que no te voy a contar es cómo los investigadores medían el volumen de gas intestinal expulsado por los pacientes.

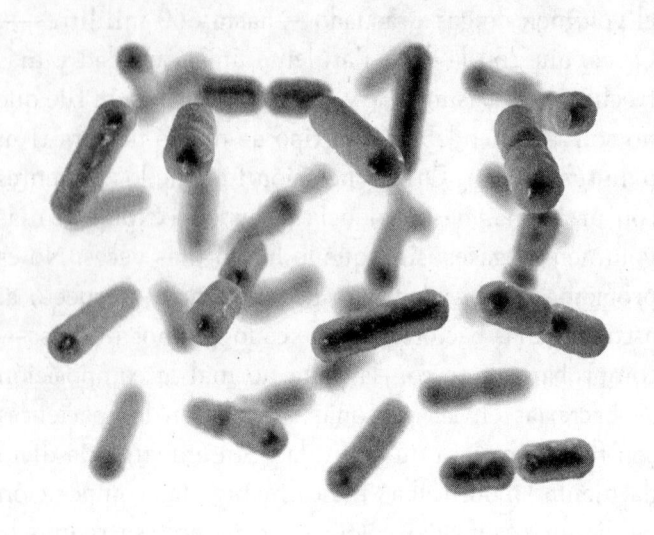

Ilustración 3D de *Bacteroides fragilis*.

Lactobacillus delbrueckii se emplea en la elaboración de yogurt y otros fermentados lácteos.

Lo de las flatulencias es un ejemplo más o menos jocoso, pero no hay duda de que los microbios intestinales pueden producir compuestos concretos que liberan al intestino y que influyen en nuestro metabolismo y en nuestro sistema inmune. Es decir, existe una comunicación química directa entre los microbios intestinales y nuestro cuerpo. Por ejemplo, la microbiota contribuye a la maduración y al desarrollo normal del sistema inmune en un individuo sano. Además, el tipo de microbios puede inducir una respuesta inmune diferente. La exposición temprana a determinados microbios puede tener consecuencias duraderas en nuestra salud que se extienden a lo largo de toda la vida. La probabilidad de padecer algunas enfermedades alérgicas y autoinmunes puede depender de los microbios que te colonizaron cuando todavía eras incluso un bebé. Entender bien esa relación entre la microbiota y el sistema inmune es fundamental para prevenir o tratar algunas enfermedades complejas relacionadas con nuestras defensas, como son la diabetes, las alergias como el asma, las enfermedades inflamatorias intestinales como la enfermedad de Crohn, o incluso las enfermedades autoinmunes como la esclerosis múltiple.

Todas estas enfermedades, de alguna forma, se ven relacionadas con nuestros microbios. Por ejemplo, la diabetes es un trastorno metabólico que se ha relacionado con la microbiota intestinal. Las personas que padecen esta enfermedad son incapaces de regular el metabolismo de la glucosa. Existen dos tipos de diabetes: la de tipo 1, menos frecuente, y que supone la incapacidad absoluta para producir la hormona insulina por destrucción de un tipo concreto de células del páncreas;

y la de tipo 2, mucho más frecuente en adultos, y que combina una deficiencia y una resistencia a la acción de la insulina con un aumento de producción de glucosa. La diabetes de tipo 1 requiere una administración externa de la hormona insulina. La de tipo 2 se ha asociado a la obesidad, al estilo de vida, a la falta de ejercicio y a una mala alimentación, por lo que su tratamiento puede requerir cambios de hábitos y estilo de vida. Aunque el impacto exacto de la microbiota intestinal en la predisposición a padecer diabetes todavía no está del todo claro, hay algunos datos sugerentes. Por ejemplo, la fibra que tomamos en la dieta no puede digerirse por nuestros fluidos digestivos y es fermentada por la microbiota intestinal. Esta genera ácidos grasos de cadena corta, que tienen cierto efecto antiinflamatorio. Se ha comprobado que los diabéticos de tipo 2 tienen un menor número de estas bacterias productoras de ácidos grasos de cadena corta. Además, la diabetes de tipo 2 se ha correlacionado con una menor abundancia de microbios productores del compuesto butirato y un aumento de bacterias del grupo *Bacteroidetes* y *Proteobacterias*. También se ha relacionado la diabetes tipo 2 con la presencia en el intestino de algunos patógenos oportunistas, de bacterias que degradan la mucina —moco de los epitelios— o que reducen los sulfatos. También se ha descrito el caso de un hombre obeso con diabetes de tipo 2 que recibió un trasplante de microbios de una persona delgada y sana y al cabo de seis semanas respondía mejor al tratamiento con insulina y sus niveles de glucosa mejoraron — dentro de un rato volveremos a esto del trasplante de microbios—. Y respecto a la diabetes de tipo 1, no se conoce muy bien la relación que pueda tener con la microbiota intestinal, pero se ha visto que el uso de antibióticos en los primeros meses de edad aumenta la incidencia de este tipo de diabetes en niños.

Algunas enfermedades alérgicas también se han relacionado con la microbiota. Las alergias ocurren cuando el sistema inmune sobreactúa en exceso contra algo que normalmente no es peligroso. En muchos países en vías de desarrollo las alergias son raras, pero en los países industrializados, como EE. UU. y Europa, los casos de alergias, como el asma —una inflamación crónica de las vías respiratorias— se han triplicado en los últimos treinta años. Nuestros genes no han cambiado, por lo que ese aumento se debe a algo que tiene que ver con el ambiente, y eso incluye a nuestros microbios. Se ha comprobado que los niños expuestos a un ambiente como el que hay en una granja tienden a padecer menos enfermedades alérgicas. Por eso se ha sugerido que cuando un niño está expuesto a bacterias, virus y parásitos, incluso a los que pueden causar una enfermedad, su sistema inmune, sus defensas, se activan, aprenden cómo actuar y cómo diferenciar entre lo que nos puede causar una enfermedad y lo que no. Por el contrario, los niños que viven en ambientes excesivamente limpios pueden perder este entrenamiento del sistema inmune, parte del cual ocurre gracias a los microbios intestinales que interaccionan con el sistema inmune, como acabamos de ver. Por eso, cambios en la microbiota infantil pueden favorecer la aparición de alergias. Esto explicaría por qué bebés con problemas en la maduración y el desarrollo de su microbiota, por tomar antibióticos por ejemplo, son más propensos a padecer de mayores diarreas y malnutrición, asma, eczemas cutáneos u otras enfermedades inflamatorias. También se ha visto que los niños que adquieren Lactobacilos más frecuentemente durante los primeros años tienen una tendencia a padecer menos alergias que los niños que toman menos.

Se ha visto que las bacterias que viven sobre la piel con eczemas son diferentes de las que viven sobre la piel normal, aunque no sabemos si esas diferencias son la causa del eczema o es el eczema el que causa que vivan bacterias distintas. Pero, aunque las bacterias no sean la causa, sí que pueden influir en el tratamiento: quizá en el futuro haya cremas o pomadas que promuevan el crecimiento de bacterias saludables para la piel, o que incluso contengan microbios.

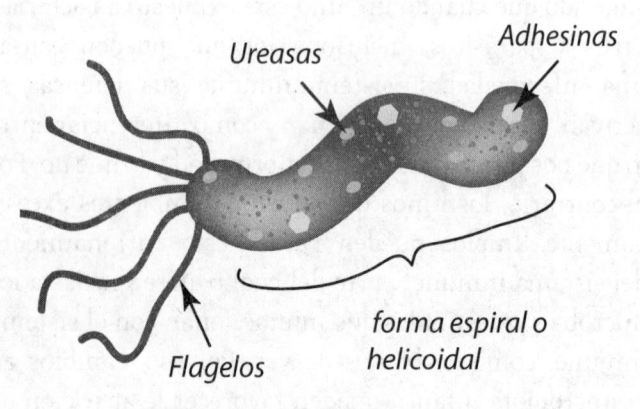

Estructura de *Helicobacter pylori*.

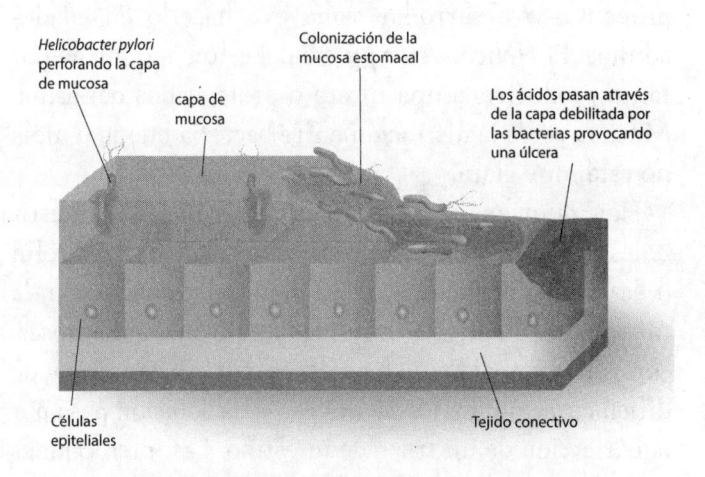

Diagram labels:
- *Helicobacter pylori* perforando la capa de mucosa
- capa de mucosa
- Colonización de la mucosa estomacal
- Los ácidos pasan através de la capa debilitada por las bacterias provocando una úlcera
- Células epiteliales
- Tejido conectivo

Úlceras de estómago y duodeno causadas por la infección causada por *Helicobacter pylori*. Estas bacterias debilitan la capa mucosa protectora del estómago.

Pero hay que tener también en cuenta que la misma bacteria puede ser buena o mala. Por ejemplo, *Helicobacter pylori* es una bacteria que vive en el estómago del 50 % de las personas sanas, pero en algunos casos puede llegar a causar úlcera gástrica. Son úlceras que se curan, por tanto, con un cóctel de antibióticos. No sabemos muy bien por qué en unas personas causa úlceras y en otras no, pero parece ser que el tipo de dieta influye mucho. Lo interesante es que *Helicobacter pylori* también puede jugar un papel importante en el desarrollo del sistema inmune. Parece ser que personas que tienen anticuerpos contra *Helicobacter*, es decir, que han estado expuestas a la bacteria en algún momento de su vida, son menos propensas a desarrollar asma o a hacerlo en edades adultas. El *Helicobacter pylori* del estómago puede por tanto producirnos una úlcera o protegernos del asma. Muchas veces la distinción entre bacteria buena o mala no está muy clara.

Hay también varios tipos de enfermedades intestinales inflamatorias, como la enfermedad de Crohn o la colitis ulcerosa, que se han relacionado con la microbiota. Suelen ser enfermedades crónicas dolorosas, con vómitos y diarreas frecuentes, muy incómodas y de difícil curación. En los peores casos, la solución pasa por la extracción de un trozo de intestino. Las interacciones entre los microbios y las células intestinales parecen ser muy importantes en este tipo de enfermedades inflamatorias. La inflamación es una respuesta inespecífica de nuestras defensas frente a una agresión o un microorganismo. Algunas bacterias liberan moléculas que irritan el intestino y debilitan las conexiones entre las células epiteliales. Algunas personas con la enfermedad de Crohn, por ejemplo, tiene una variación genética que afecta a cómo sus células interaccionan con los microbios. En concreto, tienen una variante de un gen —NOD2, para los especialistas—, responsable de una proteína que reconoce y destruye algunos tipos de bacterias. Este defecto hace que las bacterias puedan invadir el epitelio intestinal y causar la inflamación crónica. Un posible tratamiento contra este tipo de enfermedades sería aquel que dificultara el crecimiento de las bacterias que causan inflamación o favoreciera el crecimiento de las que la inhiben —luego volveremos a esto—.

En las personas con enfermedades autoinmunes, el sistema inmune se confunde y comienza a atacar a los propios tejidos del cuerpo. Es como si nuestras defensas, en vez de defendernos contra los organismos extraños, se volvieran contra nosotros mismos. En la esclerosis múltiple, por ejemplo, el sistema inmune ataca la capa de mielina que rodea y protege los nervios; y en la artritis reumatoide ataca al tejido conjuntivo de las articulaciones. En otras enfermedades autoinmunes se atacan otros órganos o tejidos del cuerpo. Lo mismo que pasa con las alergias o el asma, en las enfermedades autoinmunes también ha habido un mal entrenamiento de nuestras defensas durante los primeros años de vida. Algunos tipos de microbios intestinales pueden entrenar mejor nuestras defensas y protegernos de alguna manera contra las enfermedades autoinmunes, mientras que otros nos pueden hacer más vulnerables. Por ejemplo, se ha comprobado en ratones que los animales con un tipo de bacterias filamentosas concretas en su intestino eran más propensos a sufrir enfermedades autoinmunes como la artritis y la encefalomielitis. La relación entre la microbiota intestinal y este tipo de enfermedades se puso de manifiesto con modelos animales cuando se comprobó que ratones libres de gérmenes eran muy resistentes a desarrollar esclerosis múltiple experimental. También se han descrito algunas pequeñas diferencias en el tipo de microbiota intestinal entre pacientes con esclerosis múltiple y controles sanos. Aunque no existe de momento ningún microorganismo de la microbiota intestinal claramente relacionado con esta enfermedad, algunos investigadores han mostrado un enriquecimiento de arqueas y una disminución de *Firmicutes* y *Bacteroidetes* en personas con esclerosis múltiple.

LA CONEXIÓN ENTRE EL INTESTINO Y EL CEREBRO

Que las bacterias de tu boca pueden producirte dolor de cabeza comienza ya a ser una posibilidad, y es que las migrañas se han correlacionado con un aumento en la boca de bacterias reductoras del nitrógeno, las bacterias denitrificantes. La migraña o jaqueca —palabra que viene del árabe y que significa «media cabeza»— tiene como síntoma principal el dolor de cabeza, normalmente muy intenso y que puede llegar a ser incapacitante. Puede llegar a afectar a más de un 15 % de la población y es más frecuente en mujeres. Las migrañas tienen un componente hereditario y su aparición está influenciada por muchos factores: psicológicos, alimentación, hábitos de vida, horas de sueño, cambios atmosféricos, etc.
Ya se sabía que los compuestos que contienen nitrógeno son responsables de que se produzcan dolores de cabeza. Algunos alimentos pueden favorecer los dolores de cabeza en aquellas personas que sufren de migrañas

y algunas medicaciones para el corazón que contienen nitratos pueden causar fuertes dolores de cabeza como efecto secundario. Los dolores de cabeza relacionados con los compuestos nitrogenados se manifiestan típicamente de dos formas: de forma inmediata como un dolor suave poco después de haber ingerido el compuesto o de forma mucho más severa varias horas después de tomarlo. Estos dolores de cabeza parecen estar relacionados con fenómenos de vasodilatación o activación de otros compuestos dependientes de la presencia del óxido nítrico —cuya fórmula química es NO—.

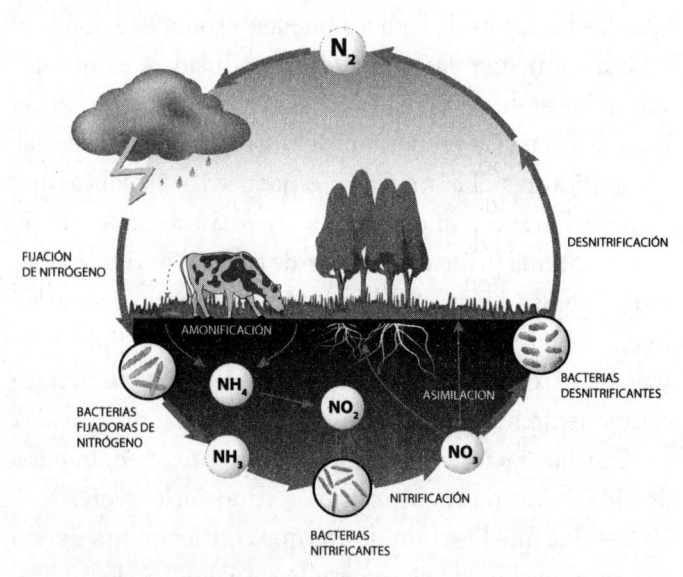

Ciclo del nitrógeno en el que podemos observar cómo distintos tipos de bacterias intervienen en el proceso de fijación del nitrógeno molecular, N_2, y en la nitrificación. Etapa, esta última, que permite la asimilación por parte de la vegetación.

Como solo las bacterias, y no las células humanas, son capaces de reducir los nitratos a nitritos, los investigadores han buscado la presencia y la abundancia de los genes responsables de la reducción de los nitratos en muestras de la microbiota de heces y de la boca en dos tipos de personas: los migrañosos —que sufren dolores de cabeza frecuentemente— y los que no lo son. Los resultados demuestran que hay un pequeño pero significativo aumento de estos genes del metabolismo del nitrógeno en los migrañosos, más en las muestras de la boca que en las heces. O sea, que las personas que padecen migrañas tienen una mayor abundancia de los genes bacterianos necesarios para reducir compuesto del nitrógeno en las muestras de la cavidad oral, respecto de las personas sanas que no tienen migrañas.

Las migrañas se correlacionan, por tanto, con un aumento en la boca de las bacterias reductoras del nitrógeno. Supongo que saber que ese dolor de cabeza intenso que padeces es culpa de las bacterias de tu boca no te quitará el dolor, pero la próxima vez ya sabrás que la culpa la tienen tus microbios y no ese pelmazo que tienes a tu lado dándote todo el día la tabarra.

Curiosamente, se ha sugerido también una posible relación entre la microbiota de la boca y la patogénesis de la enfermedad de Alzheimer. Se sabe que los enfermos de alzhéimer tienen una pobre higiene dental y algunas enfermedades periodontales que afectan a las encías se han relacionado con una mayor tasa de deterioro cognitivo en las primeras etapas de la enfermedad, posiblemente a través de mecanismos vinculados con la inflamación. Además, existe cada vez más evidencia de la relación entre la respuesta inflamatoria del cuerpo con mayores tasas de deterioro cognitivo. La inflamación mediada por los microbios puede afectar a la progresión de una enfermedad neurodegenerativa, o viceversa, el estrés que causa la enfermedad puede alterar la microbiota. Aunque las evidencias son muy preliminares, se ha comprobado una tendencia a una menor abundancia de *Fusobacterias* y mayor de *Prevotella* en la placa dental de pacientes con alzhéimer, respecto de los sanos. Quizá esto suponga un papel de la microbiota oral en la enfermedad, relacionado con la hipótesis del posible origen infeccioso del alzhéimer.

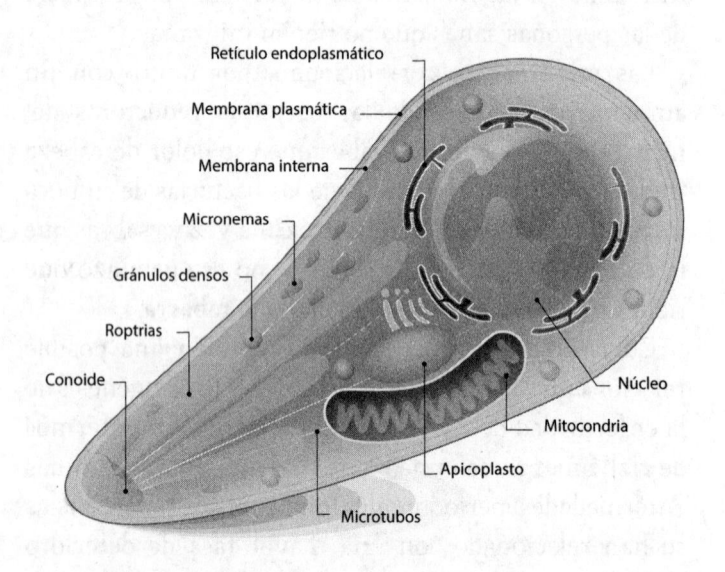

Diagrama de *Toxoplasma gondii*. Es un protozoo parásito causante de la toxoplasmosis.

Hoy por hoy no conocemos la relación o conexión que puede haber entre los microbios y nuestro comportamiento, pero sabemos que hay ciertos patógenos que pueden influir en el comportamiento animal: el virus de la rabia causa insomnio, agitación y pavor al agua; el protista *Toxoplasma gondii* hace que los ratones no tengan miedo de los gatos, por ejemplo. Por tanto, no debería sorprendernos que algunos trastornos de la microbiota intestinal estuvieran asociados a problemas de ansiedad, depresión u otros síntomas mentales. A pesar de la cantidad de investigación clínica y biomédica que existe, todavía no sabemos la causa, la progresión y el tratamiento de otras enfermedades o trastornos neurológicos.

Sin embargo, cada vez hay más evidencia, aunque indirecta, de la relación entre los microorganismos que tenemos en nuestro intestino y el sistema nervioso central, y se ha propuesto que existe una comunicación bidireccional entre el intestino y el cerebro. El cerebro es probablemente el sistema biológico más complejo que tenemos, con más de 100.000 millones de neuronas y un número similar de otras células, y cerca de 164 billones de conexiones sinápticas entre ellas. Esta impresionante organización celular supone un alto coste metabólico para el cuerpo. Se calcula que el cerebro utiliza cerca del 20 % de la energía del cuerpo, aunque solo supone un 2 % del peso corporal. En algunos momentos de máxima actividad sináptica, el cerebro puede llegar a consumir cerca del 66 % de la glucosa. El cerebro, por tanto, consume gran parte de nuestro metabolismo y se necesita una microbiota intestinal saludable para mantener esa demanda metabólica. El mecanismo por el cual se trasmiten las señales entre el intestino y el cerebro es muy complejo y no lo conocemos bien, pero puede involucrar rutas neuronales, hormonales, metabólicas y del sistema inmune. Por ejemplo, los microbios intestinales producen compuestos con acción inmuno y neuromoduladora, neurotransmisores u hormonas que pueden tener un impacto neurológico. Uno de los neurotransmisores principales del sistema nervioso es el ácido gamma-aminobutírico o GABA, que actúa como un inhibidor cerebral e interviene en la regulación de muchos procesos fisiológicos y psicológicos. Algunas alteraciones en la expresión del receptor de GABA están implicadas en el desarrollo de condiciones psiquiátricas relacionadas con el estrés, como los procesos de ansiedad y depresión. De hecho, algunos fármacos antidepresivos actúan a nivel de este receptor neuronal. Pues bien, se sabe que bacterias como *Lactobacillus* y *Bifidobacterium* son capaces de producir GABA. También se ha descrito que *E. coli*, *Bacillus* o la levadura *Saccharomyces* pueden producir noradrelina; *Candida*, *Streptococcus* y *Enterococcus* pueden producir serotonina; *Bacillus*, dopamina y *Lactobacillus*, acetilcolina. Estos neurotransmisores microbianos puede atravesar la mucosa intestinal e influir de alguna forma en las funciones cerebrales, aunque no tenemos ni idea de cómo un neurotransmisor sintetizado en el intestino podría llegar hasta el cerebro. Se ha sugerido además que esta comunicación entre el intestino y el cerebro puede depender en concreto del nervio vago, uno de los nervios craneales que nace en el bulbo raquídeo e inerva entre otros el estómago, el páncreas, el hígado y otras vísceras. La estimulación del nervio vago se ha usado algunas veces para tratar la depresión. ¿Podremos usar en el futuro microbios para tratar la ansiedad?

Las deficiencias de GABA están relacionadas con la depresión, insomnio, ansiedad e incluso dependencia del alcohol.

Hace unos años, un grupo de investigadores publicaron un sugestivo trabajo en el que demostraban que la ingesta de una de estas bacterias intestinales —*Lactobacillus rhamnosus*— regulaba el comportamiento emocional e inducía alteraciones en la expresión del receptor de GABA en zonas de la corteza cerebral. La administración de esta cepa de *Lactobacillus* redujo el estrés producido por la corticosterona y el comportamiento asociado de ansiedad y depresión, lo que demuestra una vía de comunicación entre las bacterias del intestino y el cerebro. Estos resultados muestran la importancia que tiene *Lactobacillus* en la comunicación entre el intestino y el sistema nervioso central, y sugieren que ciertos microorganismos podrían ser útiles en la terapia contra desórdenes relacionados con el estrés, la ansiedad o la depresión. Además, los investigadores demostraron que esta comunicación dependía en concreto del nervio vago. Lo que todavía se desconoce es el mecanismo molecular por el cual estos efectos ocurren. La conclusión es que bacterias no patógenas como *Lactobacillus* pueden modular el sistema de regulación GABA y tener algún efecto beneficioso en el tratamiento de la ansiedad y la depresión. Sin embargo, no debemos olvidar que de momento este trabajo ha sido realizado solo en ratoncitos de laboratorio, todos ellos sanos y saludables, por lo que es temprano aventurar qué ocurrirá en humanos. Este trabajo es muy interesante, pero no creo que hoy por hoy un buen yogur repleto de *Lactobacillus* te reduzca el estrés y te haga más feliz.

Sin embargo, en otro estudio se ha analizado la microbiota intestinal de 46 pacientes con depresión comparada con 30 controles sanos, y comprobaron que la microbiota era distinta: las personas depresivas tenían mayor cantidad de *Enterobacterias* y de *Allistipes* —un tipo de bacteria del grupo de los *Bacteroidetes*— y menor de *Faecalibacterium* —una de las bacterias más abundante en el intestino de personas sanas—. Y de forma similar, en un reciente estudio en el que se analizó la microbiota intestinal de 115 pacientes con trastorno bipolar, en comparación con la de 64 individuos sanos, se comprobó que las microbiotas de ambos grupos eran distintas, también con una menor presencia de la bacteria *Faecalibacterium* en las personas con trastorno bipolar. No sabemos todavía si estas diferencias pueden ser usadas como un biomarcador de la depresión o del trastorno bipolar y son necesarios muchos más estudios, pero, cuando se trasplanta microbiota humana de pacientes depresivos en ratas de laboratorio, estas desarrollan una conducta depresiva. Algo hay, pero no sabemos bien qué ni cómo actúa..., de momento.

También se ha comprobado que el estrés durante el embarazo de la madre es suficiente para alterar no solo su microbiota vaginal, sino también la microbiota intestinal del recién nacido. Y todavía hay más: en experimentos con ratones se ha demostrado que esos cambios en la microbiota del recién nacido causado por el estrés durante el embarazo tienen consecuencias en su metabolismo y en la disponibilidad de nutrientes, lo que afecta además a su desarrollo neuronal. Al menos en ratones, parece que se relacionan las alteraciones de la microbiota materna por el estrés con el desarrollo cerebral del bebé ratón y un mayor riesgo de padecer desórdenes neurológicos. El resultado es muy sugerente, pero en humanos todavía es muy prematuro saber si pasará lo mismo.

El párkinson y el autismo también se han relacionado con la microbiota. Se ha comprobado que los ratones libres de gérmenes desarrollan menos síntomas relacionados con esta enfermedad, y que cuando son colonizados con microbios intestinales de ratones normales o de personas con párkinson este efecto se revierte y empeoran. Aunque estos experimentos sugieren que la microbiota intestinal juega un papel en el desarrollo de los síntomas del párkinson, el efecto tampoco está del todo claro. Algunos estudios recientes en los que se compara la microbiota intestinal de enfermos con párkinson y personas sanas, sugieren también una microbiota proinflamatoria en los enfermos con párkinson, con menor abundancia de algunos grupos microbianos antiinflamatorios como *Prevotella* y mayor de proinflamatorios como *Proteobacterias*.

El autismo es un trastorno del desarrollo cerebral que se caracteriza por una alteración de la interacción social y de la comunicación, y por un comportamiento restringido y repetitivo. La enfermedad es altamente heredable y se sabe que influyen muchos factores ambientales. Las causas concretas se desconocen y pueden ser muy variables y complejas. Hay algún estudio que muestra que los niños con autismo tienen en su intestino alteraciones en la densidad de población de varias especies bacterianas, como una menor densidad de bifidobacterias. La diferencia puede estar en que los niños autistas suelen ser un poco quisquillosos o meticulosos a la hora de comer, o porque uno de los efectos secundarios de la enfermedad son los problemas gastrointestinales. No sabemos si la diferencia de la microbiota intestinal es un efecto o una causa de la enfermedad, pero la relación es intrigante. En otro estudio se indujeron síntomas pseudoautistas en ratones y encontraron que los roedores presentaban diferencias en su microbiota intestinal con respecto a la de los ratones sanos. Además, los investigadores pudieron atenuar algunos de los síntomas con un tratamiento con la bacteria *Bacteroides fragilis*. De todas formas, no sabemos todavía la forma exacta en que las bacterias intestinales podrían influir en esta conducta.

Como estamos viendo, cada vez hay más datos que relacionan la alteración del equilibrio del ecosistema microbiano intestinal con alguna disfunción cerebral. Todavía estamos lejos de entender cómo ocurre esto, pero estudiar los mecanismos de esta interacción es algo apasionante. De momento la relación entre el cerebro y el intestino es bastante intuitiva: cuando estamos nerviosos nos duele el estómago o tenemos algunos trastornos, como diarrea o estreñimiento, y cuando tenemos un problema intestinal nos solemos poner de mal humor. Algunos han llegado a decir que el intestino es nuestro segundo cerebro, pero quizá esa afirmación sea un poco o muy exagerada. En el intestino las neuronas se organizan en simples ganglios y por cada neurona intestinal puedes llegar a tener unas mil en la cabeza. Aunque lo que sí es cierto es que algunas personas parece que piensan con las tripas. De todas formas, quizá en el futuro seamos capaces de predecir el curso de alguna enfermedades o de desarrollar algún nuevo tratamiento basándonos en los microbios del intestino.

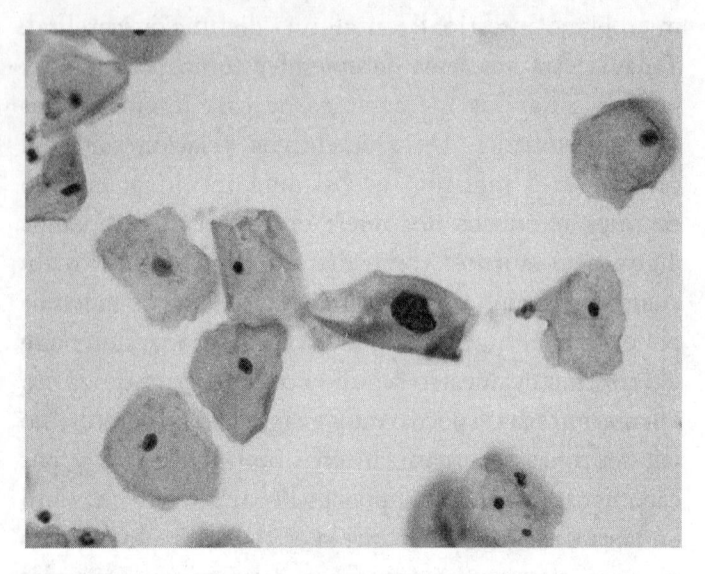

Vista de microscopio de células epiteliales escamosas anormales obtenidas del cuello de útero mediante lo que se conoce como citología vaginal o frotis de Papanicolaou. Esta prueba se realiza para detectar células anómalas antes de que se conviertan en cáncer y para detectar el virus del papiloma humano o VPH.

MICROBIOTA Y CÁNCER

La relación entre los microbios y el cáncer ya se demostró a principio del siglo pasado. En 1911 Peyton Rous describió por primera vez cómo se podía transmitir un cáncer a un pollo sano inyectándole un extracto libre de células de un tumor de otro pollo con cáncer. El agente causante del tumor resultó ser un virus, en concreto un retrovirus, que se denominó virus del sarcoma de Rous.

Sin embargo, debieron pasar varias décadas hasta que la ciencia comprendió los mecanismos moleculares que explican cómo el virus puede alterar la diferenciación celular. En 1966 Rous recibió el Premio Nobel de Medicina «por su descubrimiento de virus que inducen tumores». Hoy sabemos que, de los cerca de 13 millones de cánceres que se diagnostican cada año, unos dos millones son atribuidos a infecciones microbianas y, aunque pueda parecer mucho, probablemente sea una estimación a la baja. La Agencia Internacional para la Investigación del Cáncer ha designado al menos diez microorganismos como agentes carcinógenos para los humanos. La mayoría de estos casos de cáncer están relacionados con la bacteria *Helicobacter pylori* —capaz de causar cáncer de estómago—, los virus de la hepatitis B y C —relacionados con el cáncer de hígado— y el virus del papiloma humano —causante de verrugas, papilomas y cáncer de cuello de útero, por ejemplo—. En conjunto estos cuatro microbios son responsables de 1,9 millones de casos de cáncer al año. En las mujeres, la mitad de los cánceres relacionados con infecciones son cáncer de cuello de útero, mientras que en los hombres el 80 % de los cánceres relacionados con infecciones son de estómago o de hígado. Otros microorganismos capaces de causar cáncer son el virus linfotrófico de tipo 1 involucrado en leucemias y algunos herpes, como el virus de Epstein-Barr —cáncer nasofaríngeo— o el herpes humano de tipo 8 —sarcoma de Kaposi—, entre otros. Muchos de estos patógenos infectan a un gran número de personas, pero no todas ellas desarrollan un cáncer. Esto es debido a una compleja interacción entre el microorganismo y su huésped, que depende de factores genéticos —no todas las personas son igualmente susceptibles— y ambientales.

Los microorganismos no solo pueden causar cáncer, sino que también pueden ayudar a curarlo. A finales del siglo XIX un médico de Nueva York llamado William B. Coley desarrolló un tratamiento contra el cáncer con un preparado de bacterias llamado las toxinas de Coley. Este médico se dio cuenta de que los pacientes con cáncer que además sufrían una infección respondían mejor que los pacientes sin infección. Coley pensaba que la infección estimulaba el sistema inmune para luchar contra el cáncer y por eso desarrolló un cóctel de bacterias *Streptococcus pyogenes* y *Serratia marcescens*, que inyectaba directamente en el tumor. Durante años en EE. UU. se trataron pacientes con algunos tipos de cáncer incurables con preparados de bacterias y toxinas, en muchos casos de forma exitosa. Sin embargo, las críticas y sobre todo el éxito de los nuevos tratamientos de quimio y radioterapia hizo que las toxinas de Coley cayeran en el olvido. No obstante, actualmente se ha comprobado que el principio básico del tratamiento de Coley era correcto y que algunos tipos de cáncer son sensibles a una estimulación del sistema inmune.

Todo está relacionado: los microbios, el sistema inmune, la respuesta inflamatoria y el cáncer, pero todavía no sabemos muy bien cómo. En las últimas décadas se ha empleado el bacilo Calmette-Guerin, más conocido por sus siglas BCG, como tratamiento contra el cáncer de vejiga. El BCG es en realidad un extracto atenuado de la bacteria *Mycobacterium bovis* que se emplea como vacuna contra la tuberculosis. El BCG estimula una respuesta inmune y causa la inflamación de la pared de la vejiga que acaba destruyendo las células de cáncer dentro de la vejiga, al menos en los primeros estadios del tumor. En realidad en esto se basa la inmunoterapia, que está tan de moda actualmente. La intuición de Coley era correcta: estimular el sistema inmune puede ser efectivo para tratar el cáncer. Por eso, a William B. Coley se le llama «el padre de la inmunoterapia».

William B. Coley.

Ya hemos visto que la microbiota juega un papel fundamental en el desarrollo, la maduración y el control del sistema inmune y de la respuesta inflamatoria. Las preguntas son obvias: ¿pueden nuestros microbios causar cáncer?, ¿qué relación existe entre la microbiota y el cáncer? De nuevo, los experimentos con animales libres de microbios nos dan alguna pista para entender la relación entre la alteración de la microbiota y el cáncer. En algunos modelos animales, cuando se administra un cóctel de antibióticos, la probabilidad de un cáncer de colon se reduce, aunque el número total de bacterias intestinales sigue constante, lo que sugiere que debe ser algún tipo de bacteria concreta la relacionada con este efecto. Cuando los ratones libres de gérmenes se colonizan con microbiota de ratones con cáncer, la tasa de tumores aumenta respecto de los colonizados con microbiota de ratones normales. Nuestros microbios forman parte de ese microambiente tumoral que influye en el crecimiento y desarrollo del cáncer. Aunque la asociación de la microbiota intestinal humana con algunos tipos de cáncer es preliminar, sí que hay ya algunos datos interesantes. Por ejemplo, las nuevas técnicas de metagenómica y transcriptómica han puesto en evidencia la relación entre *Fusobacterium nucleatum* y el cáncer colorrectal: se ha encontrado una gran abundancia de esta bacteria en muestras de este tumor comparado con los controles sanos. De hecho, aunque se han descrito alteraciones en el equilibrio de la microbiota intestinal en los casos de cáncer colorrectal, esta es la única bacteria que se ha identificado como un factor de riesgo. Parece ser que *Fusobacterium* es capaz de modular la respuesta inmune anticáncer al interaccionar con un receptor celular concreto. La presencia de cepas toxigénicas de *Bacillus fragilis* también se ha relacionado con el cáncer colorrectal. De forma similar, en el caso del cáncer de esófago se ha visto en las biopsias un aumento relativo de bacterias Gram-negativas anaerobias respecto de un esófago normal, en el que predomina la bacteria *Streptococcus*. Y la presencia en la boca de bacterias con nombres tan raros como *Porphyromonas gingivalis* y *Aggregatibacter actinomycetemcomitans* se ha relacionado con un aumento del riesgo de padecer cáncer de páncreas.

Se ha comprobado que los microorganismos o los productos de su metabolismo pueden promover o activar un proceso cancerígeno a través de múltiples vías, que van desde la inflamación crónica, la alteración de determinadas rutas del sistema inmune y hormonal, la activación de genes celulares, la desregulación del crecimiento celular o la promoción de la inestabilidad genómica de las células. De todas formas, la relación es muy compleja y puede existir alguna especie bacteriana de la microbiota cuya presencia o ausencia se relacione con efectos tanto tumorales como antitumorales. Alterar la barrera epitelial y la microbiota puede disparar respuestas inflamatorias e inmunes desordenadas que acaben generando un proceso cancerígeno. La colitis ulcerosa y la enfermedad de Crohn son ejemplos de disfunciones intestinales que pueden contribuir a aumentar el riesgo de cáncer de colon. Pero la microbiota también puede inducir carcinogénesis a través de la liberación de algunas toxinas bacterianas que causan daño en el ADN de las células. La microbiota intestinal y sus metabolitos pueden tener un impacto en el cáncer, incluso en sitios distintos del propio intestino. Por ejemplo, el hígado no contiene microbios, que sepamos no hay una microbiota del hígado, pero las bacterias intestinales pueden promover un carcinoma hepático a través de una vía inflamatoria asociada a patrones moleculares dependientes de microorganismos y metabolitos bacterianos.

La microbiota no solo puede modular la iniciación y la progresión del cáncer, sino también la respuesta al tratamiento. Hay varios estudios que sugieren que la composición de la microbiota regula la eficacia de algunas terapias anticáncer y que puede influir en los efectos secundarios adversos de algunas de ellas. Por ejemplo, los tratamientos de quimioterapia se basan en dañar la integridad del ADN y los procesos de división de las células tumorales. Desgraciadamente, ese efecto no es totalmente específico y son frecuentes los efectos secundarios tóxicos por dañar otros tejidos sanos. Algunos de estos compuestos pueden dañar la integridad de los epitelios, alterar la microbiota intestinal y causar toxicidad intestinal y diarrea. El agente CTX —ciclofosfamida—, por ejemplo, es un quimioterápico que altera la permeabilidad de la mucosa intestinal y modifica la composición de la microbiota: reduce selectivamente la abundancia de algunos grupos bacterianos en el intestino delgado, mientras que aumenta el de bacterias Gram-negativas. Esa alteración de la mucosa puede causar que algunas bacterias de la microbiota penetren en nuestro interior, lo que activaría el sistema inmune e iniciaría una respuesta inflamatoria. Lo mismo que la quimioterapia: los tratamientos con radioterapia también pueden afectar al epitelio y sus microbios, y contribuir a sus efectos secundarios como diarrea, colitis o enteritis. En pacientes con cáncer tratados con una combinación de *Lactobacillus acidophilus* y *Bifidobacterium bifidum*, se previene la toxicidad que genera la radioterapia y la quimioterapia.

Esto demuestra el papel que los microorganismos pueden tener en reducir los efectos secundarios tóxicos de los tratamientos. Pero, ojo, esto no quiere decir que estos microorganismos curen el cáncer, sino que pueden aliviar algunos efectos tóxicos secundarios de los tratamientos. Recuerda que no existen dietas anticáncer.

La microbiota intestinal puede metabolizar o transformar la química de algunos de estos compuestos que se emplean cómo fármacos, lo que puede influir en su absorción, actividad y eficacia. La microbiota puede regular por tanto las terapias anticáncer y actuar como un auténtico director de orquesta. Por ejemplo, se ha analizado la actividad de 30 drogas antitumorales en presencia de bacterias y se ha comprobado que en diez de ellas las bacterias las inhibieron, mientras que en otras seis aumentó la actividad. En ratones libres de gérmenes o tratados con antibióticos el efecto del oxaliplatin, un antitumoral, se ve dramáticamente reducido. Pero el efecto se restaura cuando los ratones son alimentados con un probiótico con *Lactobacillus acidophilus*. También se ha comprobado que ratones tratados con antibióticos con la microbiota intestinal alterada responden peor a un tratamiento de inmunoterapia con oligonucleótidos que los ratones con la microbiota intacta. El cómo se responde a un tratamiento puede estar influenciado en parte por la microbiota. Se ha comprobado que determinados enterotipos intestinales influyen en la actividad antitumoral de algunas drogas, es decir, el que respondas mejor o peor a un tratamiento concreto puede depender de los microbios intestinales.

Como estamos viendo, la microbiota puede amplificar o mitigar la carcinogénesis, puede ser responsable de la efectividad de los tratamiento y puede reducir o aumentar las complicaciones y efectos tóxicos de los mismos. Pero, la relación entre la microbiota y el cáncer todavía se conoce poco. Muchas estudios se han hecho en modelos de animales de laboratorio y trasladar esos descubrimientos a la práctica clínica es todavía un reto. Por ejemplo, en ratones de laboratorio se ha descrito que las bacterias intestinales que producen butirato tienen un efecto supresor del tumor colorrectal, pero en otros trabajos se ha visto el efecto contrario. De momento hay que ser muy cautos y son necesarios más ensayos clínicos rigurosos para establecer si la modulación de la microbiota intestinal puede llegar a ser una aproximación efectiva para el tratamiento del cáncer.

CÓMO MANIPULAR LA MICROBIOTA: DEL ACTIMEL AL TRASPLANTE FECAL

En 1908, el biólogo ruso Elie Metchnikoff recibió el Premio Nobel de Medicina por sus estudios sobre la fagocitosis, las células de nuestros sistema inmune que se comen a los microbios patógenos. Él fue además el primero que propuso que algunos microbios también podrían ser beneficiosos para la salud. Estudió la microbiota intestinal y su relación con la vejez, y pensaba que el envejecimiento era el resultado de una intoxicación crónica debida a la presencia de microbios en el intestino. En 1901 pronunció una conferencia a la que tituló «*Flora and the human body*» —«La flora y el cuerpo humano»—. Metchnikoff creía que se podía retrasar el envejecimiento por procedimientos científicos y otorgó al intestino un papel fundamental. Para ello, era partidario de la sustitución de la microbiota bacteriana perjudicial por otra en la que predominaran los lactobacilos y recomendaba consumir microbios en una dieta rica en productos lácteos fermentados que acidificaran el intestino y disminuyeran así la intoxicación. En este sentido sus ideas fueron revolucionarias. Ten en cuenta que en esa época los microbios eran sinónimo de enfermedad, de infección y de muerte. De esta forma tan curiosa nació la idea de los probióticos, microorganismos vivos no patógenos que se toman como alimento y que confieren beneficios saludables al huésped, principalmente bacterias de los productos lácteos.

Seguro que has oído muchas veces que para regular y restaurar la microbiota bacteriana normal, que haya podido ser dañada por un tratamiento con antibióticos prolongado o por una enfermedad, es bueno tomar mucho yogur. ¿Qué hay de cierto en ello?, ¿son realmente tan eficaces?, ¿las bacterias de muchos yogures llamados «funcionales» realmente funcionan y activan mis defensas? Pues depende. Hasta ahora la mayoría de los probióticos que se emplean como alimentos funcionales o suplementos contienen cepas de las bacterias *Lactobacillus* y *Bifidobacterium*, aunque ya hay en el mercado algunos probióticos con la levadura *Saccharomyces* u otras bacterias como *Bacillus*, *Escherichia coli* o *Enterococcus*. Tradicionalmente estas cepas probióticas se aíslan de productos y de alimentos fermentados —como yogures, quesos, embutidos, etc.— del intestino, e incluso de las heces de animales y humanos —recuerda el *pintxo* microbiano— y de la leche materna humana. Uno de los efectos beneficiosos más documentado es la prevención y el tratamiento de diarreas agudas relacionadas con los tratamientos con antibióticos. También hay algunas evidencias del papel de los probióticos para el tratamiento de algunas otras enfermedades intestinales, metabólicas o alérgicas. Sin embargo, estos efectos positivos de los probióticos no siempre están sustentados por ensayos clínicos rigurosos y suelen ser muy dependientes del tipo concreto de cepa bacteriana que se emplea. Por ejemplo, los beneficios que se atribuyen a una cepa concreta de *Lactobacillus fermentum* no necesariamente se pueden aplicar a otra cepa, incluso de la misma especie de bacteria. Muchos resultados beneficiosos que se obtienen con una determinada formulación de probióticos para una enfermedad concreta no son trasladables a otras formulaciones o enfermedades. Las agencias gubernamentales que se ocupan de valorar este tipo de compuestos, como la Agencia Europea de Seguridad Alimentaria, suelen rechazar muchas de las peticiones para declarar los beneficios saludables de estos probióticos, principalmente porque no está clara la relación entre su consumo y el beneficio que supone para la salud. En muchos casos, los estudios flaquean, porque el número de pacientes empleado es muy pequeño y la muestra no es estadísticamente significativa, porque faltan los controles que permitan descartar un efecto placebo en vez del probiótico en estudio o porque son necesarios replicar los estudios en ensayos con varios centros independientes al mismo tiempo —estudios multicentro—. No obstante, existen algunos estudios clínicos con distintas formulaciones de probióticos que sugieren un efecto beneficioso no solo en los casos de diarrea, sino también para reducir los síntomas de enfermedades como el colón irritable o la inflamación intestinal, aliviar la intolerancia a la lactosa, o reducir las infecciones del tracto urinario y respiratorio, entre otras. Pueden ayudar a corto plazo al mantenimiento del equilibrio del ecosistema microbiano, con los beneficios que ello conlleva, pero a largo plazo la microbiota suele regresar a su estado original, lo que demuestra que los probióticos quizá solo surten efecto a corto plazo. Estos efectos positivos se suelen atribuir a la habilidad de los probióticos de regular la permeabilidad intestinal, normalizar la microbiota intestinal, mejorar la función como barrera del intestino y un efecto inmunomodulador al influir en el balance entre compuestos proinflamatorios y antiinflamatorios.

Mechnikov ganó el Premio Nobel junto con Paul Ehrlich por sus trabajos sobre la fagocitosis y la inmunidad.

Pasteur (sentado) y Mechnikov con niños curados de rabia.

Pero del mecanismo concreto sobre cómo actúan los probióticos tenemos muy pocos datos. Recientemente se ha comprobado que la administración de un cóctel de tres cepas concretas de probióticos —*Lactobacillus paracasei*, *Bifidobacterium breve* y *Lactobacillus rhamnosus*— a un grupo de ratas obesas, empleadas como modelo animal, disminuyó la acumulación de grasa en el hígado de los animales. Además, el probiótico tuvo un efecto antiinflamatorio, al disminuir la concentración en sangre de unos inmunomoduladores —el factor de necrosis tumoral TNF-α y la interleucina 6— y un aumento de inmunoglobulinas de tipo A —IgA—. También se comprobó que la administración de este probiótico moduló la expresión de genes en la mucosa intestinal de las ratas. En concreto, redujo la expresión de tres genes —con nombres tan raros como *Adamdec1*, *Ednrb* y *Ptgs1/Cox1*— que están sobreexpresados en la mucosa intestinal de las ratas obesas. Según los autores, la administración de estos probióticos indujo cambios en la composición de la microbiota intestinal que se tradujeron en un aumento de la secreción de inmunoglobulina de tipo A y una disminución de la expresión de los genes de la mucosa intestinal. Estos cambios produjeron una menor translocación de bacterias hacia el intestino, lo que acabó provocando un menor contenido de grasa en el hígado y una disminución de la liberación de los inmunomoduladores. Todo esto en el modelo de las ratas obesas, pero ¿y en humanos? Habrá que seguir investigando.

Hasta ahora, los microorganismos que se suelen proponer como probióticos no son elegidos por razones teóricas y experimentales, sino por razones meramente tradicionales. Sin embargo, con los conocimientos que ahora tenemos sobre la microbiota intestinal y su función, ya se está proponiendo una nueva generación de probióticos —algunos los denominan productos bioterapéuticos vivos—, diseñados de forma mucho más racional. Son microorganismos seleccionados según su mecanismo de acción y que puedan ser usados como terapia para determinadas enfermedades o indicaciones, a medida, según las necesidades del consumidor. Esta nueva generación de probióticos propone emplear nuevos microorganismos, aislados también de la microbiota intestinal pero menos conocidos, como *Bacteroides*, *Faecalibacterium* o *Akkermansia*. Por ejemplo, se ha comprobado que la bacteria *Faecalibacterium prausnitzii* es una de las más abundantes en el intestino grueso en personas sanas, pero está ausente en enfermos con inflamación intestinal. Aunque no tenemos evidencia clínica de que funcione, parece razonable, por tanto, emplear esta bacteria como probiótico en estos casos. Otra aproximación para la nueva generación de probióticos es emplear bacterias cuyos genes se hayan modificado como vehículo para introducir una molécula bioactiva. Se están realizando ya ensayos empleando como nuevos probióticos *Lactococcus* o *Bacteroides* con sus genes modificados, de forma que expresen moléculas del tipo de las interleuquinas humanas, con efecto directo sobre el sistema inmune. Serían auténticos agentes bioterapéuticos vivos. De todas formas, sobre el uso de este tipo de nuevos medicamentos vivos habrá que esperar porque, entre otras cosas…, ni siquiera la legislación está preparada: ¿qué son, medicamentos o suplementos alimentarios?

También se ha comenzado a hablar de los psicobióticos, que son probióticos que buscan un efecto sobre las funciones del sistema nervioso central. La idea que hay detrás es que los psicobióticos pueden influir en el sistema inmune disminuyendo la respuesta inflamatoria, por ejemplo, que a su vez puede afectar al sistema endocrino y al sistema nervioso: la conexión entre el intestino y el cerebro de la que ya hemos hablado. Hay algunos estudios publicados con animales —ratas y ratones— y unos pocos en humanos. Aunque muy heterogéneos, en general los tratamientos consisten en emplear como probióticos distintas combinaciones de

Bifidobacterium y *Lactobacillus*, entre 1000 y 10.000 millones de bacterias por animal y día durante unas 2-4 semanas. En los estudios con animales sí se observa una tendencia a disminuir los efectos de la ansiedad y de la depresión, probablemente porque afecta a algunas hormonas y citoquinas inflamatorias. El efecto no ocurre en animales, a los que se les ha cortado el nervio vago, lo que sugiere que la comunicación intestino-cerebro ocurre a través de este nervio, como ya habíamos apuntado. Sin embargo, en humanos, los pocos estudios publicados que hay dan resultados contradictorios: en algunos trabajos sí se ve que disminuyen algo los fenómenos de ansiedad, de depresión y de estrés; en otros, en cambio, no. Los humanos no somos ratones y extrapolar lo que ocurre en modelos animales es muy complicado. Además, la forma de medir el grado de ansiedad y estrés en ratones es muy diferente a lo que ocurre en humanos. De momento, muchos probióticos o psicobióticos comerciales son más una estrategia de *marketing* más que un verdadero agente bioterapeútico: un Actimel no va a activar tus defensas ni te va a hacer más feliz. Si te interesa saber más sobre este tema te recomiendo el libro *Vamos a comprar mentiras* de José Manuel López Nicolás, editorial Calamo.

Ya hemos visto cómo la dieta puede influir en nuestros microbios intestinales. Por eso, otra estrategia para modificar la microbiota es a través de alimentos o nutrientes no digeribles que estimulen y favorezcan el crecimiento y la actividad de las bacterias intestinales, lo que se denominan prebióticos. No son por tanto microorganismos vivos, sino azúcares como los fructooligosacáridos, que no pueden ser digeridos por el sistema digestivo humano, pero que sirven de alimento a algunos microbios intestinales concretos. Algunos de estos azúcares son fermentados por los microbios, que producen ácido butírico y ácidos grasos de cadena corta, que ya hemos visto que pueden tener un efecto beneficioso. Una variante es la de añadir conjuntamente un microorganismo probiótico concreto y un carbohidrato prebiótico, lo que se denomina simbiótico. Sobre el empleo de probióticos o simbióticos para el tratamiento de algunas enfermedades inflamatorias intestinales como el Crohn, los resultados son contradictorios y de momento son necesarios más estudios en profundidad para poder sacar alguna conclusión clara. Todo esto lo que demuestra es lo difícil que es y lo poco que sabemos sobre cómo manipular la microbiota.

Otra estrategia para manipular la microbiota es sustituirla o reemplazarla por completo, en vez de añadir un microorganismo o un nutriente. En concreto, una técnica que en los últimos años ha atraído mucho interés es el trasplante de la microbiota intestinal completa de una persona sana a otra con una enfermedad relacionada con la microbiota. Es lo que se ha llamado el trasplante fecal. Si, ya sé que esto suena francamente asqueroso, pero el objetivo del trasplante fecal es restaurar los microbios de nuestros intestino, la microbiota intestinal, para curar alguna enfermedad concreta. Los del departamento de *marketing* quizá podrían haberse trabajado mejor el nombre, porque con lo de trasplante fecal no van a tener mucho éxito, quizá sea mejor hablar de trasplante microbiano a secas.

Su uso parece ser efectivo en algunos casos. Es muy frecuente que tras un tratamiento con antibióticos nuestras bacterias intestinales también se resientan y se altere la diversidad microbiana, incluso durante meses, y esto puede permitir que otras bacterias potencialmente patógenas proliferen. En concreto, la sobreexposición a antibióticos, especialmente en personas mayores, contribuye a una mayor predisposición a desarrollar infecciones recurrentes como la colitis pseudomembranosa por la bacteria *Clostridium difficile*. En estas personas, los antibióticos reducen la diversidad de bacterias intestinales, lo que favorece la esporulación y la germinación de las esporas de *Clostridium difficile* y la consiguiente producción de toxinas que dañan el epitelio intestinal y causan diarrea. En algunos casos la diarrea es intensa, causa fiebre y dolor abdominal, y puede llegar a ser muy grave e incluso mortal. Algunas cepas de *Clostridium difficile*, como el tipo 027, son especialmente graves y el tratamiento suele consistir en más antibióticos, como la vancomicina. Sin embargo, en aproximadamente el 25 % de los pacientes no es efectivo y sufren diarreas recurrentes que hacen la vida de los pacientes muy incómoda y difícil. Lo curioso es que ya hay varios estudios que demuestran que el tratamiento con heces de donantes sanos es más efectivo para curar la infección por *Clostridium difficile* que el uso del antibiótico vancomicina.

Para este tipo de ensayos, preparan una solución con heces de donantes sanos voluntarios. Dentro de las seis horas posteriores a haberla obtenido, la solución se introduce mediante un tubo nasoduodenal a los pacientes durante 30 minutos, a un ritmo de unos 50 mililitros cada 2-3 minutos —también se han empleado enemas y colonoscopias para introducir los nuevos microbios—. Previamente, las heces se analizan para que no contengan ningún parásito, ni bacterias ni virus patógenos. Los resultados suelen ser espectaculares: el 94 % de los pacientes tratados con heces de donantes sanos se curan, mientras que solo el 28 % de los que recibieron el antibiótico se curó. Los efectos secundarios del trasplante suelen ser mínimos. No es de extrañar que la mayoría tuviera diarrea inmediatamente después del tratamiento y algunos dolor de tripas, pero los síntomas desaparecen pocas horas después del trasplante. En algún caso se ha descrito que el receptor ha engordado después del trasplante, quizá porque el donante era obeso.

Aunque suena muy mal lo de trasplante fecal, funciona. La administración de heces de donantes sanos a pacientes con infecciones recurrentes de *Clostridium difficile* resulta ser un tratamiento mucho más efectivo que los antibióticos. Parece ser que a *Clostridium* eso de estar bien acompañado por una multitud de otros microbios no le sienta bien.

Las únicas dudas que yo mismo tenía es cómo hacerse donante para este trasplante y si a partir de ahora van a pagar algo por las muestras. Pero si buscas en internet verás que sí: ya hay algunas empresas en EE. UU. y en Europa donde puedes donar tus muestras. Te pagan por ello y encima te dicen que ¡tus heces salvan vidas!

Pero esta técnica no es tan novedosa como podemos creer. La primera descripción que se conoce de emplear heces humanas como agente terapéutico es del siglo IV en China, durante la dinastía Ge Hong —claro, no podía ser en otro sitio—. Se empleaban heces humanas para curar casos de envenenamiento por alimentos o diarreas severas. Los resultados de esta práctica de la medicina china tradicional eran espectaculares y algunos pacientes se recuperaban del borde de la muerte. Más tarde, en la dinastía Ming del siglo XVI se describe la práctica de emplear soluciones fecales frescas o fermentadas preparada con heces de bebés para sanar varias dolencias. Los médicos entonces no la etiquetaban como suspensión fecal sino que la denominaban «sopa amarilla» —ojo con lo que te sirven por ahí en un restaurante si viajas de turista a China—. También los beduinos del desierto recomendaban consumir heces frescas de camello calientes como remedio contra la disentería bacteriana. Su eficacia parece que fue confirmada por soldados alemanes en África durante la Segunda Guerra Mundial. Y el primer uso oficial del trasplante fecal en medicina es de 1958, para tratar la enterocolitis. Desde entonces, como hemos visto, se ha empleando en varios cientos de pacientes.

Desde el año 2013, la FDA —Food and Drug Administration, la agencia estadounidense responsable de la regulación de alimentos, medicamentos, cosméticos, aparatos médicos, productos biológicos y derivados sanguíneos— ya permite emplear el trasplante de microbiota fecal para el tratamiento de la infección recurrente por *Clostridium difficile*. El éxito que está teniendo ha generado mucho interés en emplearlo en otras enfermedades. Sin embargo, hasta la fecha este éxito no ha podido ser replicado para otras dolencias, como la obesidad o el síndrome de intestino o colon irritable. Por eso, hay que ser muy cautos. No sabemos todavía si al trasplantar los microbios también se puede producir un desajuste en esos compuestos como neurotransmisores y neuromoduladores, que ya hemos visto que están asociados a la microbiota intestinal. Hace falta más investigación. Ya hay por ahí empresas que se dedican a vender la técnica para curar todo tipo de enfermedades y dolencias intestinales. De momento, es necesario estandarizar las técnicas y evaluar su efectividad clínica en otras dolencias, pero es probable que en el futuro el trasplante de microbiota sea más común de lo que nos imaginamos.

A algunos se les ha ocurrido utilizar el trasplante de microbiota para estudiar el papel de la microbiota intestinal sobre el envejecimiento. Ya hemos visto que una microbiota saludable se caracteriza por ser muy diversa desde el punto de vista taxonómico, con muchos grupos distintos de microbios. Diversidad es sinónimo de salud. Sabemos que con la edad la microbiota intestinal cambia, se reduce la diversidad microbiana, disminuyen algunos grupos bacterianos y aumentan los potenciales patógenos. Y eso se suele asociar con un aumento de procesos inflamatorios. Una pregunta que nos podríamos hacer es si restituir la microbiota de un anciano por una microbiota joven puede tener algún efecto beneficioso, o incluso si podría mejorar las expectativas de vida. Dicho de otro modo, ¿la restauración de la microbiota adulta por una joven puede hacer que vivamos mejor o incluso más tiempo?, ¿un cambio de microbiota puede alargarnos la vida?

Estudiar esto en humanos puede ser... complicado, así que un grupo de científicos se han propuesto investigarlo en animales de vida corta, animales que de normal vivan muy poco tiempo. Para ello, han empleado como modelo el pez killi turquesa —*Nothobranchius furzeri*—, un tipo de carpa pequeñita de agua dulce que vive en charcas y estanques y que se puede cultivar en los acuarios. Estos pececillos tienen una vida media muy corta, solo viven unos pocos meses en cautividad, y por eso se han empleado para investigar el envejecimiento. Lo primero han comprobado que tienen una microbiota intestinal muy compleja, con los mismos grupos de bacterias que nosotros, aunque en distinta proporción. Además, al igual que nos ocurre a los humanos, la diversidad y la complejidad de su microbiota disminuye conforme los pececillos se van haciendo mayores: no cambian la cantidad de bacterias, pero sí la diversidad o riqueza bacteriana. Por ejemplo, mientras que el intestino de los jóvenes es más rico en los grupos *Bacteroidetes*, *Firmicutes* y *Actinobacterias*, en los viejos predominan las *Proteobacterias*. Lo que los investigadores han hecho es alimentar peces adultos con el contenido intestinal —caca— de peces jóvenes —más o menos un intestino joven daba para alimentar a dos adultos—. Previamente habían tratado a los adultos con un cóctel de antibióticos para reducir su microbiota y favorecer la colonización de las bacterias del intestino de los jóvenes. Se trata de recolonizar el intestino de los peces adultos con bacterias de donantes jóvenes. Los resultados han sido sorprendentes. Este trasplante de microbiota ha aumentado de forma significativa la esperanza de vida de los peces adultos: si un adulto sin tratamiento no suele vivir mucho más de 20 semanas, con la microbiota joven podían llegar casi hasta las 30. Además, en los peces trasplantados se retrasaban algunos comportamiento típicos de la edad adulta y seguían siendo más activos. El trasplante previno la disminución de la diversidad microbiana propia de la vejez y se mantuvo una comunidad bacteriana joven de forma duradera. Esta microbiota joven se asoció al mantenimiento de un sistema inmune saludable, con efectos antiinflamatorios sobre el pececillo. En definitiva, el trasplante de microbiota joven fue estable y alargó la vida de los peces en condiciones saludables. Comer caca rejuvenece —al menos en algunos pececillos—.

En humanos el trasplante fecal para tratar infecciones recurrentes por *Clostridium difficile* parece que funciona, pero de momento es todavía muy pronto aventurar si este procedimiento puede alargar nuestra esperanza de vida. Confiemos en que esto no lo lean los fabricantes de esas cremas antienvejecimiento milagrosas rejuvenecedoras que regeneran las células a base de oro y caviar, ADN de semillas o baba de caracol, no vaya a ser que a partir de ahora les añadan... caca de pez. Así que fíjate bien en la etiqueta de tu crema hidratante.

Por lo que estamos viendo, manipular la microbiota y restaurarla en caso de alguna enfermedad, a través de probióticos, prebióticos o trasplantes, es mucho más complicado de lo que podíamos imaginar. De momento el único tratamiento que parece efectivo es el trasplante fecal para la infección recurrente por *Clostridium difficile*. La razón de esta dificultad puede ser que la microbiota supone un complejo consorcio con millones de interacciones entre los propios microbios y las células de su huésped. Es necesario seguir investigando para entender mejor los mecanismos por los que la microbiota mantiene la salud o desencadena la enfermedad. Lo que sí podemos predecir es que en un futuro muy próximo el análisis del microbioma humano se incorporará a los protocolos de medicina personalizada de precisión. Una medicina a la carta que propondrá un tratamiento personalizado teniendo en cuenta los millones de datos del genoma, del metabolismo, del sistema inmune y del microbioma de cada paciente individual. Cuando vayas al hospital, el médico secuenciará y analizará tu genoma, con los datos de tu ARN y de tus proteínas, definirá tu metabolismo y analizará tu sistema inmune; además, estudiará la composición de tu microbiota y de su función, identificará microorganismos oportunistas potencialmente patógenos en tu cuerpo, sus posibles deficiencias y cómo tus microbios pueden afectar al tratamiento. Con todos esos datos tuyos, podrá estudiar tu susceptibilidad genética a padecer una enfermedad, podrá predecir tu respuesta a un tratamiento y las posibles reacciones adversas, incluso recomendar un cóctel de microbios concreto; podrá, en definitiva, diseñar una terapia personalizada para ti. Será medicina a la carta, pero teniendo en cuenta también tu microbiota, porque… ¡somos microbios!

UN POCO DE SANA AUTOCRÍTICA

Los estudios sobre la microbiota están de moda. El 13 de mayo de 2016, la Casa Blanca anunció a bombo y platillo la nueva Iniciativa Nacional sobre el Microbioma, con una financiación público-privada de más de 121 millones de dólares y la participación de la NASA, el Instituto Nacional de Salud —NIH— y la fundación Bill-Melinda Gates, entre otros. Como estamos viendo, muchas investigaciones han relacionado a nuestros microbios con enfermedades tan variopintas como la obesidad, la diabetes, el estrés, el autismo e incluso el cáncer. En los últimos diez años el crecimiento de las publicaciones relacionadas con este tema se han multiplicado exponencialmente: si en el año 2006 no llegaban a cien, hoy son varios miles cada año. Por supuesto, esto no quiere decir que todas esas publicaciones sean buenas —también en las revistas científicas de alto impacto se publican errores—, pero es una demostración de que el estudio de la microbiota es un tema candente, de rabiosa actualidad y que interesa mucho a la comunidad científica.

El reto es apasionante: entender cómo el complejo mundo microbiano que nos habita influye en la patogenicidad de muchas enfermedades nos puede ayudar a la prevención, al diagnóstico, al tratamiento y a la curación de muchas de ellas. Pero este entusiasmo de la comunidad científica va acompañado de un cierto sensacionalismo en los medios; así, los estudios sobre la microbiota han sido protagonistas de la portada de numerosas revistas y programas de radio y de televisión. Dejarnos llevar por el sensacionalismo es muy peligroso, porque puede dar la falsa idea de que con el trasplante fecal, por ejemplo, podemos ya curar un sinfín de enfermedades y dolencias. Además, el exceso de entusiasmo y la exageración de los resultados es abonar el campo para que los charlatanes, los homeópatas, los curanderos y los pseudocientíficos proliferen y hagan su negocio. Por eso es bueno un poco de sana autocrítica que nos ayude a interpretar las investigaciones sobre nuestros colonos microscópicos.

Muchos de los estudios científicos en los que describen los microbios que están en nuestro cuerpo se basan en los datos que se obtienen de secuenciar todo el ADN presente en la muestra —intestino, piel, saliva, etc.—. La identificación de una especie microbiana concreta se hace por comparación de secuencias con las bases de datos. De forma arbitraria se suele asignar a una misma especie si las secuencias se parecen en un 97 %. Pero esta asignación es meramente arbitraria; de hecho, el mismo concepto de «especie bacteriana» es un tema discutido entre los microbiólogos: dentro de una misma especie pueden existir cepas distintas con grandes diferencias genéticas. Estas diferencias son incluso mucho mayores en el caso de los virus. Por eso, al analizar la diversidad en una comunidad microbiana tan compleja como nuestro propio cuerpo se suele emplear el término de unidad taxonómica operacional —OTU, del inglés *operational taxonomic unit*—. Aunque esto permite analizar una comunidad compuesta por microorganismos incluso no cultivables, dificulta la comparación de estudios distintos.

Otro dato importante que hay que tener en cuenta en los estudios genómicos es que los genomas están plagados de genes o proteínas hipotéticas para las que no hay datos, no hay anotaciones en las bases de datos y no se sabe su función. En algunos genomas microbianos, hasta el 30 % de sus genes son hipotéticos, no sabemos nada de ellos: es como la materia oscura del mundo microbiano. Nos podemos estar perdiendo casi un tercio de la película completa, por eso la interpretación de los resultados a veces es muy complicada. Sobre todo en los análisis funcionales del microbioma, en los que estudiamos los genes y sus productos para inducir la función concreta de esa comunidad microbiana. La inmensa diversidad y el potencial bioquímico de la microbiota todavía espera ser descubierto.

Otro de los grandes obstáculos para analizar las comunidades microbianas es el cuello de botella que suponen los análisis bioinformáticos y computacionales, que requieren desarrollar complejos modelos matemáticos y estadísticos y nuevos algoritmos para integrar e interpretar la multitud de datos que se generan.

Otro aspecto relevante en los estudios genómicos es el problema de la contaminación ambiental. Se ha demostrado que incluso los reactivos y los *kits* comerciales que se emplean en técnicas de biología molecular pueden estar contaminados con ADN microbiano, muy difícil de evitar, lo que algunos han denominado con cierto cachondeo el «kitome», el conjunto de ADN microbiano contaminante de los reactivos de un *kit* comercial. Esto puede generar resultados erróneos cuando trabajamos con muestras en las que la cantidad de ADN sea muy pequeña, por ejemplo. En las publicaciones científicas habría que exigir la explicación de qué controles se han realizado para asegurar que los resultados obtenidos no están influidos por la presencia de ese ADN contaminante.

Si te has fijado bien en lo que hemos visto hasta ahora, hemos hablado sobre todo de bacterias y de arqueas. Pero la microbiota es el conjunto de más microorganismos, también de los hongos, las levaduras, los virus e incluso los protistas. Y de eso todavía sabemos muy poco, y menos sobre las interacciones entre ellos. Como hemos repetido ya varias veces, nuestros microbios y nuestro cuerpo forman un ecosistema supercomplejo y de muchos de sus componentes sencillamente no tenemos datos todavía.

Aunque ya hemos hablado del consorcio para el estudio del microbioma humano, otra crítica que se suele hacer a estos estudios es la falta de un control perfecto, lo que se suele llamar el *«gold standard»*. Es decir, todavía no hay un consenso sobre cuál es la microbiota control ideal y su función en una persona sana normal con la que podamos comparar los resultados de los casos patológicos: ¿cuál es la microbiota normal de un niño, de un adulto o de un anciano? Cuando diseñas un experimento sobre el microbioma humano debes tener en cuenta que en el control sano no solo influye si se han tomado antibióticos o no en los últimos meses, la dieta, la edad o el sexo, sino también la familia, e incluso las mascotas con las que conviva esa persona, como hemos visto. Tampoco existen todavía protocolos unificados que faciliten la comparación de resultados de distintos grupos de investigación: desde cómo se toman las muestras y cómo se almacenan hasta qué programa bioinformático se emplea para analizar los resultados. Algunos trabajos publicados son criticables por falta de controles o porque el tamaño de la muestra es pequeño y por tanto son cuestionables desde el punto de vista estadístico.

Hemos visto que a nuestras bacterias les influyen una multitud de factores: el estrés que sufrimos, nuestro sexo, nuestra genética, nuestra edad, con quién vivimos, lo que comemos, el ambiente en el que nos movemos. El número de variables es enorme. Pequeñas diferencias influyen mucho. Por eso, interpretar los cambios en la microbiota es complejo: ¿son una consecuencia de la enfermedad o un resultado del estado patológico?, ¿una causa o un efecto? La eterna duda: correlación no es causalidad, que haya cambios en la microbiota que se correlacionen con una determina enfermedad no significa que sean su causa. Por eso, es imprescindible diseñar bien los experimentos, consensuar protocolos de trabajo comunes para poder comparar los resultados de distintos grupos de investigación y, sobre todo, repetir y repetir los experimentos.

La ciencia nunca está acabada, y el avance de la ciencia requiere honestidad y que los resultados puedan ser repetidos por otros grupos de investigación. Nuestras bacterias no son meros pasajeros que llevamos dentro, sino que tienen un papel fundamental en nuestra salud, pero su estudio sigue siendo un reto. La colaboración y el trabajo multidisciplinar entre distintas áreas de la ciencia es fundamental para poder descifrar el papel de los microorganismos y su relación con la salud.

Estamos todavía en el inicio de una apasionante historia: nuestros microbios. Ya hemos aprendido quiénes son, de dónde vienen, qué funciones tienen e incluso cómo los podemos manipular. Ahora toca hablar de algunas otras curiosidades de nuestra microbiota.

LOS MICROBIOS DE LOS NEANDERTALES

Los neandertales, con los que convivimos durante unos miles de años, son nuestros parientes homínidos más próximos. Habitaron Europa y Asia Occidental desde hace aproximadamente 200.000 años, hasta que definitivamente se extinguieron hace unos 28.000 años. Eran principalmente cazadores y solían vivir en pequeños grupos de unos 15-30 individuos. Convivieron con los *Homo sapiens* durante el Pleistoceno y, según los últimos datos genómicos, en nuestro genoma actual hay restos de ADN neandertal, lo que demuestra que nos cruzamos, en el sentido sexual de la palabra, en algún momento de la prehistoria. Pero los neandertales se extinguieron y solo nos han llegado hasta nuestros días unos pocos huesos. El registro fósil de los neandertales está representado por unos 400 individuos. Obviamente de sus microbios no sabemos nada... o casi nada.

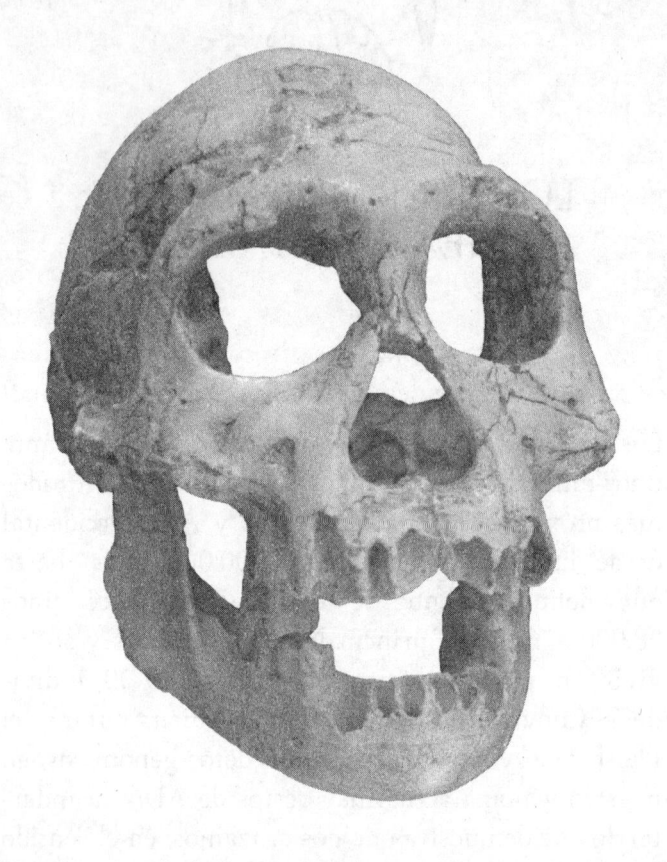

Cráneo de neandertal.

Al estudiar algunos huesos de la dentadura de los neandertales, los científicos comprobaron que algunos dientes tenían caries y las caries ¡están causadas por bacterias! Así que se les ocurrió extraer el ADN y secuenciarlo, por si el ADN preservado en la caries tenía restos microbianos. Emplearon muestras de caries de cinco neandertales, dos de la cueva de El Sidrón en España, dos belgas y un italiano. Los resultados demostraron que en las caries dentales queda preservado el ADN microbiano y su análisis puede darnos mucha información sobre cómo era la microbiota de nuestros antepasados. Comprobaron que el 93 % de las secuencias eran bacterianas, el 6 % de arqueas y el resto de microorganismos eucariotas y virus. Fueron capaces de caracterizar hasta 222 especies de bacterias y los grupos bacterianos más frecuentes eran similares a los que nos podemos encontrar en la placa dental de humanos modernos: *Actinobacterias, Firmicutes, Bacteroidetes, Fusobacterias, Proteobacterias* y *Espiroquetas*. Obviamente también encontraron secuencias de bacterias que producen caries y otras enfermedades dentales, como *Streptococcus mutans*. Un dato interesante es que fueron incluso capaces de secuenciar el genoma casi completo de una de las bacterias del neandertal, que han denominado *Methanobrevibacter oralis* subsp. *neandertalensis*, o sea una arquea simbionte que produce metano encontrada en la boca de un neandertal. Han podido incluso estimar su antigüedad en unos 48.000 años. Es, por tanto, el genoma microbiano más antiguo hasta ahora secuenciado.

No sé si te das cuenta de que las técnicas de amplificación, secuenciación y análisis del ADN hoy en día son una herramienta tan potente que podemos conocer hasta la composición bacteriana de la microbiota de la boca de un homínido prehistórico ya extinguido. No solo eso, sino que también podemos incluso llegar a saber qué comían, y eso es un dato importante porque, como ya hemos aprendido, la dieta influye en la microbiota. Con los datos del ADN preservado en sus dientes, los científicos fueron capaces de determinar que la dieta de los neandertales belgas era a base de carne de rinocerontes lanudos y muflones —un tipo de cabra salvaje europea—, mientras que la de los españoles era vegetariana, a base de champiñones, musgos y piñones —todavía no habían inventado ni la cerveza belga ni la paella—. En los dientes de los neandertales de El Sidrón también han encontrado secuencias de ADN del hongo *Penicillium*, que produce antibióticos. Los autores lo han interpretado como que ya nuestros antepasados se medicaban miles de años antes del descubrimiento de los antibióticos, pero teniendo en cuenta que la cueva de El Sidrón está en Asturias, bien pudiera ser que ya comían queso de Cabrales prehistórico.

Los investigadores también examinaron la diversidad microbiana en las muestras de los neandertales en busca de potenciales microorganismos patógenos que fueran un signo de enfermedad. Encontraron secuencias de un microorganismo eucariota patógeno —*Enterocytozoon bieneusi*— que infecta las células del epitelio intestinal y produce diarreas. Así que se demuestra que los neandertales… tenían diarrea. También encontraron que la microbiota neandertal contenía menos bacterias Gram-negativas potencialmente patógenas, que son más frecuentes en los humanos modernos. Pero sí detectaron especies potencialmente patógenos como *Neisseria gonorrhoeae*, *Corynebacterium diphteriae* o

Bordetella parapertussis, aunque no es posible asegurar si estas secuencias son en realidad de cepas similares no patógenas. Así que no podemos afirmar con seguridad que los neandertales padecieran gonorrea, difteria o tosferina, pero sí que tenían caries y diarrea..., y que producían metano.

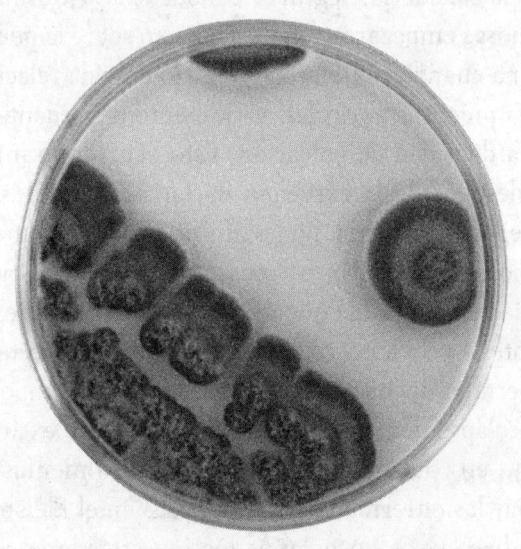

Placa de petri con un cultivo de *Penicillium* sobre agar.

En realidad, poco sabemos de los patógenos que pudieron infectar a los neandertales en el Pleistoceno. Hasta ahora se pensaba que, debido a que se organizaban en pequeños grupos y a que su capacidad de intercambio y relación entre ellos era muy limitada, los neandertales no pudieron actuar como reservorio de las principales enfermedades infecciosas. Algunos autores sostienen que las enfermedades infecciosas solo tuvieron un impacto importante entre los humanos después del desarrollo de la agricultura y que el intercambio de patógenos entre neandertales y otros homínidos era muy difícil. Se pensaba que la mayoría de los patógenos humanos se adquirieron de los animales domesticados y se originaron por tanto tras el desarrollo de la agricultura y la ganadería. Según este modelo, las enfermedades infecciosas empezaron a tener impacto sobre la población humana cuando cambiaron su estilo de vida relacionado con las prácticas agrícolas, el aumento del sedentarismo y de la densidad de población. Esto ocurría ya miles de años después de la extinción de los neandertales, a los que, según esta teoría, no les afectaron las enfermedades infecciosas. Sin embargo, como estamos viendo, cada vez hay más evidencia de que muchos patógenos ya estaban presentes en el Pleistoceno y de que pudieron afectar a los neandertales, incluso de que fueron un factor importante en su colapso demográfico relacionado con su extinción.

Hoy en día tenemos nuevas herramientas para estudiar las enfermedades infecciosas en el Pleistoceno. Hasta hace unos pocos años los investigadores podían obtener algunos datos sobre las enfermedades infecciosas antiguas estudiando las lesiones que estas dejaban en los huesos fósiles. Pero ahora la publicación de los genomas de neandertales y de otros homínidos prehistóricos como los denisovanos abre una nueva oportunidad de estudiar las infecciones que ocurrieron en la antigüedad. Comparando esos genomas con los de humanos modernos se han encontrado en el genoma de neandertales secuencias en su ADN con funciones relacionadas con el sistema inmune y la respuesta a la infección que han persistido a lo largo de la evolución, y que evidencian que hubo interacción entre los neandertales y los microbios patógenos. Por ejemplo, genes para degradar el genoma de los virus, para proteger frente a las infecciones, o genes que juegan un papel importante en la respuesta inmune. Si esos genes están en nuestro genoma y en el de los neandertales es porque probablemente proporcionaron una ventaja adaptativa en los humanos conforme se dispersaban a nuevos ambientes y se enfrentaban a nuevos patógenos. Estos datos demuestran que los neandertales ya tenían inmunidad genética para ciertas enfermedades infecciosas. Pero además, hoy tenemos también datos genómicos y filogenéticos de muchos microbios patógenos que nos permiten adivinar desde cuándo están presentes entre nosotros, como el caso de *Methanobrevibacter oralis* subsp. *neandertalensis*. Muchos de los microorganismos patógenos han coevolucionado con los humanos y nuestros ancestros desde hace miles o millones de años.

Como hemos dicho, antes se pensaba que muchos de estos patógenos eran enfermedades adquiridas de los animales, pero cada vez hay más datos de que en realidad su origen es el contrario: patógenos humanos que han pasado a los animales durante el desarrollo de las prácticas agrícolas. Por ejemplo, hace años se pensaba que los humanos habíamos adquirido el bacilo de la tuberculosis durante el Neolítico, a partir del ganado durante la domesticación de los animales, y que por tanto la bacteria *Mycobacterium tuberculosis* provenía de *Mycobacterium bovis*: la tuberculosis humana era una consecuencia de la tuberculosis de las vacas. En realidad el origen es el contrario. Los análisis genómicos demuestran que *Mycobacterium bovis* ha perdido varios genes todavía presentes en *Mycobacterium tuberculosis*, y que por tanto las especies adaptadas al hombre son anteriores y más antiguas que *Mycobacterium bovis* y otras micobacterias animales, que surgieron posteriormente. También existen datos de restos arqueológicos de lesiones óseas compatibles con infecciones por tuberculosis y evidencias moleculares de la presencia de genoma de la bacteria en dichos restos. Se ha encontrado ADN de la bacteria en esqueletos humanos de hace 9000 años en Israel, otros de hace unos 7000 años encontrados en Alemania, en momias egipcias de 4000 años de antigüedad, y en momias peruanas de hace unos 1000 años. Hoy también sabemos que otra bacteria patógena como *Brucella*, que produce la brucelosis por comer queso fresco o leche no pasteurizada, divergió hace decenas de miles de años antes de la aparición del pastoreo y los rebaños, y que ha sido endémica de animales silvestres desde hace 80.000-300.000 años. Incluso existen además evidencias de lesiones esqueléticas compatibles con la brucelosis en fósiles de *Australopitecus africanus* datado entre 1,5 y 2,8 millones de años de antigüedad, bastante antes de que aprendiéramos a ordeñar las vacas y ovejas y a beber su leche infectada.

La lista de patógenos que ya estaban presentes en el Pleistoceno, antes de la introducción de las prácticas de agricultura y pastoreo y de la domesticación de los animales, es cada vez mayor: *Borrelia*, *Brucella*,

Helicobacter pylori, Mycobacterium tuberculosis, Salmonella, Tularemia, Adenovirus, Coronavirus, Hepatitis A, Herpesvirus, Papilomavirus, Rabdovirus... Es muy probable por tanto que los neandertales padecieran ya caries dental y diarreas, como hemos visto, pero también otras enfermedades infecciosas infantiles como la varicela, infecciones gastrointestinales y respiratorias o de heridas. La exposición a patógenos a los que los humanos modernos estaban mejor adaptados pudo influir, al menos en parte, en la extinción de los neandertales.

Ilustración 3D que muestra conidios y conidióforos de esporas del hongo *Penicillium*.

Ya hemos dicho que entre los neandertales y los humanos modernos hubo más que palabras: se calcula que entre un 2 y un 4 % de nuestro genoma es de origen humano ancestral. Además de genes, teniendo en cuenta que coincidieron en el tiempo y en el espacio, es muy probable que también intercambiaran microbios. Esta hipótesis no es tan descabellada. Hay evidencia, por ejemplo, de que los humanos adquirimos el virus herpes simple de los chimpancés hace unos 1,6 millones de años, a través de un homínido intermedio. Otro ejemplo es la ya famosa *Helicobacter pylori*, se estima que las primeras infecciones humanas ocurrieron en África hace 88-116.000 años y que llegaron a Europa hace 52.000 años. Los chimpancés no tienen *Helicobacter pylori* y algunas tribus africanas, como los pigmeos baka, no adquirieron este patógeno hasta hace unos pocos cientos de años, tras el contacto con otros humanos. Lo mismo podemos pensar que ocurrió entre los neandertales y los homínidos modernos.

Hoy sabemos que algunos patógenos humanos importantes, como el virus VIH que causa el sida o la malaria, tienen su origen en primates no humanos. Esto demuestra la habilidad de algunos microbios de extenderse entre especies distintas de homínidos.

Veamos un ejemplo concreto. Recientemente, se han hecho estudios sobre el origen y la evolución del virus del papiloma humano, en concreto el de tipo 16, uno de los más agresivos y responsable del cáncer de cuello de útero. Este virus ya existía hace unos 460.000 años, antes de la última salida de los humanos de África. De este tipo de virus hay hasta cuatro linajes distintos —A, B, C y D—, distribuidos de distinta forma por el planeta. Los resultados sugieren que ha habido una coevolución entre el virus y los humanos, de forma que hubo una divergencia del virus con las poblaciones humanas arcaicas. Para explicar la evolución, la diversidad y la distribución geográfica de este virus, los autores asumen que debieron ocurrir eventos de intercambio del virus por transmisión sexual entre poblaciones ancestrales de humanos modernos y arcaicos, que ocurrieron a lo largo de la evolución humana. Los autores proponen que, además de genes, debió de existir una trasmisión sexual del virus del papiloma entre neandertales y humanos modernos. En concreto, sostienen que la variante A del virus no se originó en los humanos modernos, sino que es mucho más antigua, que se adquirió por contacto sexual con homínidos arcaicos. Parece ser que el ancestro común a todos los virus del papiloma 16 ya infectaba a los neandertales. La evolución de los genomas de virus en las poblaciones de homínidos que permanecieron en África dieron lugar a los actuales linajes B y C. Conforme los humanos modernos se fueron expandiendo, el linaje D se extendió por Europa y Asia. Durante esta expansión, los humanos modernos adquirieron el linaje A por contacto sexual con poblaciones de neandertales. Este linaje se extendió rápidamente entre la población y acabó siendo el dominante en Eurasia y América. Por eso, el linaje A apenas existe en el África subsahariana, ya que se originó una vez fuera del continente africano y los neandertales nunca volvieron a él. Aunque esta coevolución entre el virus del papiloma y los humanos no explica totalmente la distribución geográfica de los distintos linajes del virus, refuerza la idea de que los humanos y los neandertales mantuvieron contacto sexual y que no solo intercambiaron genes, sino también virus.

Resumiendo, combinando los análisis esqueléticos, arqueológicos y genéticos de humanos modernos y homínidos extinguidos con datos del genoma de patógenos, se sugiere que muchas infecciones fueron anteriores al Neolítico. Muchas enfermedades parasitarias, respiratorias y diarreicas eran ya importantes en el Pleistoceno y bien pudieran haber afectado a los neandertales. La transferencia de patógenos entre la población de homínidos, incluyendo la expansión de patógenos desde África, ha podido jugar un papel relevante en la extinción de los neandertales y ofrece un mecanismo importante para entender la interacción entre homínidos, más allá de los límites de la extracción del ADN de los fósiles. El aumento de la densidad de la población, el sedentarismo y el aumento de las prácticas agrícolas y de pastoreo pudo cambiar la dinámica epidemiológica de algunas enfermedades, que pasaron de los humanos a los animales.

Ahora que estamos hablando de los microbios de nuestros antepasados, nos podríamos preguntar: ¿cuál es el origen evolutivo de nuestra microbiota?, ¿nuestras bacterias han cambiado durante la evolución humana? Hay algunos estudios que demuestran que las bacterias intestinales han evolucionado durante millones de años junto a los homínidos. Hemos evolucionado en paralelo y se han ido acomodando conforme íbamos evolucionando, un fenómeno que se denomina coevolución. Es probable que existiera un conjunto de microbios en el ancestro común a todos los humanos que ha ido evolucionando conforme nuestro cuerpo iba cambiando. Dicho de otro modo, las bacterias que tenemos ahora en nuestro interior descienden de bacterias ancestrales que han coevolucionado con nosotros mismos.

Para entender un poco más cómo la composición de la microbiota ha cambiado a lo largo de la evolución humana, un grupo de investigadores han caracterizado y comparado la microbiota intestinal de cientos de monos y humanos. En concreto han estudiado la microbiota de muestras fecales de 160 chimpancés de Tanzania, 186 gorilas de Camerún, 70 bononos —un tipo de chimpancé pigmeo— del Congo y de 638 humanos, de sitios tan dispares como EE. UU., Europa, Venezuela, Malawi y Tanzania. Han encontrado que todos, tanto hombres como monos africanos, compartimos un grupo o núcleo común de bacterias intestinales, entre las que destacan *Bacteroides*, *Prevotella*, *Ruminococcus* y *Clostridium*. Pero existen diferencias significativas que demuestran que la microbiota humana sufrió una transformación sustancial cuando nuestros ancestros se separaron de la rama evolutiva que dio lugar a los chimpancés hace varios millones de años. Al comparar la microbiota de los humanos con las de los monos africanos, se observa un aumento significativo de grupos como *Bacteroides* o *Bifidobacterias*, y una disminución de *Fibrobacter* en la microbiota humana, mientras que *Lactobacillus* y *Lactococcus* están muy disminuidos en los monos. Además, los monos tienen una mayor diversidad de clases, ordenes, familias, géneros y especies bacterianas. Es muy probable que algunos de estos cambios en la microbiota fueran debidos a una mayor especialización nutricional y que pudieran tener implicaciones funcionales. Los resultados sugieren una menor diversidad microbiana en la microbiota humana, comparada con la de los monos salvajes, y sugiere que la diversidad microbiana disminuyó rápidamente a lo largo de la evolución humana. Conforme fuimos evolucionando también lo hicieron nuestras bacterias. Las implicaciones que pudo tener esa coevolución simplemente las desconocemos, pero demuestra una vez más que ¡somos microbios!

¿QUÉ LES PASA A TUS BACTERIAS CUANDO VAS AL ESPACIO?

Scott Kelly es un astronauta que ha estado dando vueltas alrededor de la Tierra durante casi un año. Es la persona que más tiempo ha estado en el espacio, exactamente 340 días, en la Estación Espacial Internacional. Regresó a la Tierra el 1 de marzo de 2016, después de 5440 órbitas alrededor del planeta y tres caminatas espaciales fuera de la estación. Durante ese tiempo la NASA ha tomado miles de muestras y datos de su organismo para estudiar cómo puede afectar al cuerpo humano vivir durante largos periodos de tiempo en el espacio, y de esta forma ir preparándonos —bueno, preparándoos, que a mí eso de ir en cohete me marea un poco— para un hipotético viaje tripulado a Marte.

La elección de Scott para este estudio no ha sido al azar. Además de sus cualidades como astronauta, se ha tenido en cuenta que tiene un hermano gemelo idéntico también astronauta, llamado Mark Kelly, igualito pero con bigote. Esto está permitiendo a la NASA comparar todos los datos de Scott con los de su hermano gemelo, que ha permanecido en la Tierra. De esta forma se pretende analizar los cambios biológicos, fisiológicos, incluso psíquicos asociados específicamente con su estancia en el espacio. En este estudio han participado un total de diez grupos de investigación, que han trabajado en procesar y analizar todos los datos.

Todavía es pronto para saber cómo ha afectado a Scott vivir en el espacio, y los resultados completos se tendrán dentro de unos años. Sin embargo, empiezan a filtrarse ya algunos datos preliminares. Parece ser que Scott volvió a la Tierra cinco centímetros más alto que su hermano. Y lo que ha llamado más la atención, la longitud de los telómeros de sus cromosomas se han alargado durante su estancia espacial. Los telómeros son unas estructuras del ADN en los extremos de los cromosomas que se van acortando conforme nos hacemos mayores y que están relacionados con el envejecimiento. Parece ser que permanecer en el espacio ha rejuvenecido y ha agrandado a Scott —al final igual me apunto a eso de ir a Marte—.

Uno de los grupos está investigando cómo influye vivir en el espacio a las bacterias intestinales, comparando la composición bacteriana de muestras de Scott y de su gemelo Mark. ¿Y cómo han hecho esto? Pues ya te lo puedes imaginar: Scott ha tenido que guardar muestras de sus heces durante los 340 días que ha estado ahí arriba. Las heces de Scott han sido enviadas a la Tierra —no tengo ni idea de cómo han hecho esto— y aquí se han analizando las bacterias comparándolas con muestras de heces de su hermano terrestre. Se trata de ver cómo cambia la microbiota intestinal al vivir en un ambiente de gravedad cero en el espacio, comparándolo con los cambios en la Tierra en el mismo periodo de tiempo. Aunque suena un poco «marrón», este estudio es muy interesante porque, como ya sabemos, nuestra salud está muy influenciada por nuestros microbios intestinales. Y hay que saber también qué les ocurre a nuestros microbios cuando estamos en el espacio. Las bacterias también cambian cuando estamos en el espacio, pero parece que esos cambios no son muy drásticos. Durante el tiempo que Scott estuvo en el espacio, la proporción de los dos grupos más importantes de bacterias intestinales — *Firmicutes* y *Bacteroidetes*— cambió, pero volvió a su proporción original después de volver a la Tierra. Se observaron cambios en los mismos grupos de bacterias en Scott y en Mark, pero en Scott los cambios fueron más intensos. Las diferencias que se encontraron en la población de virus, bacterias y hongos entre Scott y Mark fueron similares a las que se encuentran en otros estudios hechos entre individuos distintos o en gemelos idénticos que viven en la Tierra. Pero el descubrimiento más sorprendente fue que no se observó un cambio en el número de especies bacterianas diferentes en las muestras de Scott mientras estuvo en el espacio; dicho de otra forma, no hubo cambios en la biodiversidad de microbios intestinales.

De momento estos datos son preliminares y los investigadores no saben todavía cómo interpretarlos o qué significan hasta que no tengan todos los datos. Viajar al espacio cambia tu microbiota intestinal, pero no han observado ningún cambio alarmante y ambos gemelos tienen una microbiota intestinal saludable. Viajar al espacio parece ser que no le importa mucho a tus microbios.

¿POR QUÉ EXPLOTAN LAS GRANJAS DE VACAS? LOS ANIMALES TAMBIÉN TIENEN MICROBIOTA

El 27 de enero de 2014, la agencia de noticias Reuters informó de que una granja de 90 vacas había saltado por los aires en la ciudad de Rasdorf, en Alemania. La misma agencia informó de que una de las vacas había tenido que ser atendida por quemaduras de tercer grado y otra por un ataque de nervios. No es la primera vez que una granja de vacas salta por los aires. ¿Por qué?

Todos sabemos que hace «poco», «tan solo» unos 65 millones de años, la colisión de un meteorito sobre la Tierra causó la extinción de los dinosaurios. Quizá lo que no sepas es que en realidad ha habido al menos cinco grandes extinciones a lo largo de la historia de nuestro planeta. La más importante ocurrió aproximadamente hace unos 250 millones de años, al final del período denominado Pérmico. Se le conoce con el nombre de «la Gran Extinción». Se calcula que desaparecieron cerca del 95 % de las especies marinas y del 70 % de los vertebrados terrestres. Algunos autores creen que quizás solo sobrevivió el 5 % de las especies y que la Tierra tardó millones de años en recuperarse.

Las causas de semejante hecatombe biológica aún se discuten. Cada vez hay más evidencias de que esa extinción fue acompañada de un cambio climático, un aumento global de la temperatura y una acidificación de las aguas de los océanos. Se sabe también que hubo una fuerte actividad volcánica en Siberia y que la extinción coincidió con misteriosos cambios bruscos, rápidos y severos en el ciclo del carbono en la Tierra. Sin embargo, no sabemos el origen y la causa de dichos cambios..., aunque la respuesta parece que está en los microbios.

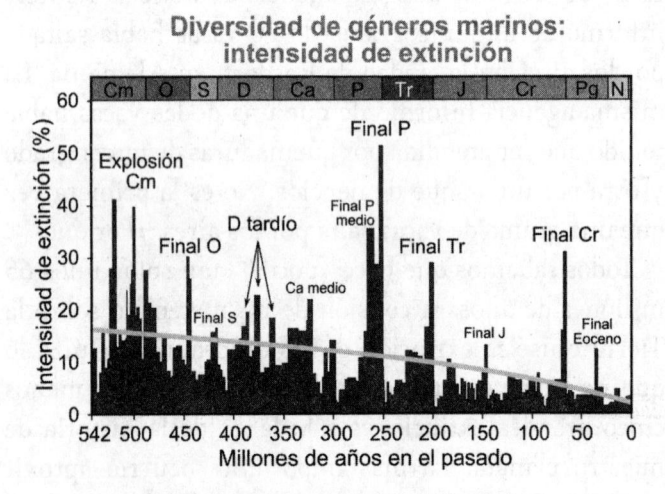

El límite entre el Pérmico y Triásico viene marcado en el gráfico por una gran extinción (Final P).

El cambio en el ciclo del carbono que ocurrió hace unos 250 millones de años pudo ser debido a tres hechos que coincidieron en el tiempo. Por una parte, la acumulación en los sedimentos marinos de gran cantidad de materia orgánica; además, la transferencia de material genético de bacterias que degradan la celulosa a un nuevo tipo de microbios capaces de producir metano: las arqueas metanogénicas. Esto les permitió a estas bacterias emplear como alimento de forma muy eficaz esa materia orgánica de los fondos marinos y convertirla en metano. Pero para esto el compuesto níquel es esencial y los microbios lo necesitan para su metabolismo. Todo esto fue posible gracias a un aumento del níquel en la superficie terrestre, como consecuencia de una gran actividad volcánica. Así, se generó una auténtica explosión en el número de estos microbios productores de metano. El metano es uno de los gases invernadero y su aumento pudo generar un cambio climático, pudo desplazar al oxígeno y producir una acidificación de los océanos. Todo esto tuvo consecuencias catastróficas para el resto de seres vivos. Fueron por tanto los microbios productores de gas metano los que en definitiva originaron la Gran Extinción de hace 250 millones de años. Esta hipótesis no es tan descabellada. Los microbios ya habían tenido un efecto similar sobre la vida en el planeta. Hace mucho más tiempo, unos 2400 millones de años, otro tipo de microbios, las cianobacterias, cambiaron totalmente la atmósfera terrestre, que pasó de ser anaerobia —de no tener oxígeno— a aerobia, con oxígeno. Este fenómeno se conoce como «la Gran Oxidación» —como ves todo a lo grande—. Fueran estos microbios los que llenaron de oxígeno la superficie terrestre. Esto permitió la colonización de la superficie y en parte la evolución biológica sobre el planeta. Todos esto demuestra sin duda que la Tierra es un sistema muy sensible a la actividad y a la evolución microbiana.

La actividad microbiana ha cambiado la vida sobre el planeta de forma drástica al menos en dos ocasiones: la gran oxigenación de las cianobacterias y la producción de gas metano de las arqueas metanogénicas, ambos fenómenos con grandes repercusiones planetarias. Quizá no hay que esperar al impacto de un meteorito, no podemos descartar que en el futuro los microbios sean los responsables de nuestra propia extinción.

Muy interesante, pero ¿qué tiene que ver la Gran Extinción de hace 250 millones de años con la explosión de la granja de vacas en Alemania? La mayor parte del gas metano que hay en el planeta es de origen microbiano. Lo producen un grupo de arqueas capaces de sintetizar este gas: *Methanobacterium*, *Methanococcus*, *Methanolobus*, *Methanopyrus*... No hay duda que los que les pusieron estos nombres querían dejar bien claro qué hacen estas arqueas. Este tipo de microbios son anaerobios y el oxígeno les es tóxico, por lo que se aíslan en ambientes sin oxígeno. Hoy los podemos encontrar en los sedimentos de los fondos de marismas, pantanos o terrenos encharcados, en las chimeneas hidrotermanles de las profundidades marinas, en las instalaciones de los digestores de aguas residuales y... en el tracto intestinal de muchos animales, como la panza de una vaca.

En realidad, te han estado engañando durante años: las vacas no comen hierba, comen microbios. Las vacas también tienen su microbiota, como nosotros. Su panza es un auténtico fermentador compuesto por varios estómagos. Puede llegar a tener un tamaño de más de 100 litros, con una temperatura constante de unos 39 °C, un pH constante entre 5,5 y 7,0, y un ambiente anaerobio, sin oxígeno. Ahí, los microbios fermentan la celulosa de la hierba y la degradan hasta glucosa. Luego esta glucosa es fermentada a ácidos grasos volátiles, que son la principal fuente de energía para el animal. En el rumen de la vaca puede haber más de 100.000 millones de bacterias por gramo, toda una multitud. Estos microbios acaban también digiriéndose en el aparato digestivo y constituyen la principal fuente de proteínas y vitaminas para el animal. En realidad, podríamos decir que de lo que se alimentan las vacas no es de hierba, sino de microbios que crecen en su panza. La hierba es lo que alimenta a los microbios de la panza del rumiante. En este proceso, las arqueas de las que hemos hablado antes producen una gran cantidad de metano, que la vaca expulsa ya te imaginas cómo. No sonrías, tú también produces metano, también hay arqueas metanogénicas en tu intestino. Pero una vaca de 500 kilos de peso, por ejemplo, puede producir hasta ¡cientos de litros de metano por día! Se calcula que más del 18 % del gas metano que se libera a la atmósfera proviene del que expulsan los rumiantes. El metano, como hemos visto, es un gas de efecto invernadero más potente que el dióxido de carbono. Y el metano es un gas explosivo. Si se acumula en un establo mal ventilado puede llegar a explotar. El metano producido por los microbios es por tanto el responsable de que exploten las granjas de vacas... y fue también el responsable de la Gran Extinción de hace 250 millones de años, de los cambios en el ciclo del carbono, lo que afecta al cambio climático y al aumento de temperatura en el planeta.

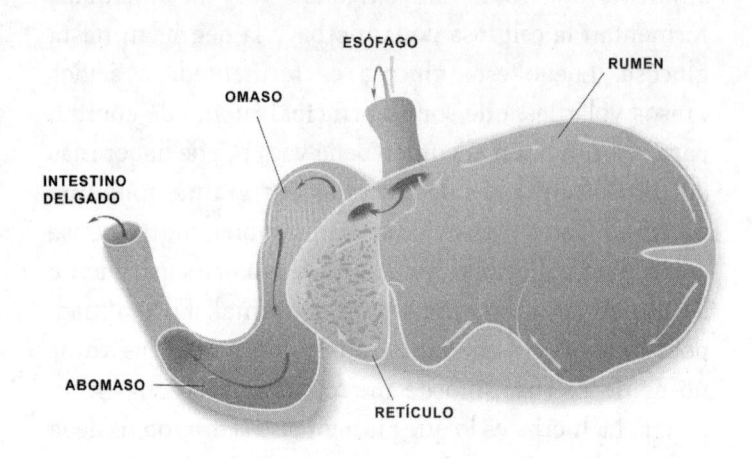

Los rumiantes tienen un estómago policavitario. La primera cavidad es el rumen o panza, le sigue el retículo o bonete, que a su vez está comunicado con el omaso o librillo. El último es el abomaso que es el estómago glandular propiamente dicho. El rumen es el más voluminoso ya que es donde queda almacenada la fibra y fermenta por acción bacteriana.

Las vacas y sus microbios son por tanto responsables del cambio climático. ¿Qué podemos hacer? Algunos ecologistas un poco extremos propugnan que habría que acabar con todas las vacas del planeta y así solucionaríamos el problema del cambio climático. Pero... quizá haya otra solución.

Se ha estudiado la composición de bacterias en el intestino de un tipo de canguros pequeñitos, los walabíes, que también son rumiantes. Han descubierto que la microbiota intestinal de estos canguros es especialmente rica en una bacteria concreta de la familia *Succinivibrionaceae*, que es responsable de que produzcan muy poco metano, hasta cinco veces menos que las vacas. La repercusión de este detalle en la emisión de gases de efecto invernadero es notable. Por eso, cada vez cobra más fuerza entre algunos grupos ecologistas la propuesta de sustituir todo el ganado bovino del planeta por estos canguricos, para reducir la concentración de metano en la atmósfera, evitar el efecto invernadero y controlar así el cambio climático global. ¿Es esto factible? Les daré mi opinión: aunque exploten las granjas de vacas, aunque cambie el clima y suba la temperatura, aunque se extingan el 70 % de las especies animales de la Tierra..., yo no cambiaría un chuletón de buey por unas costillicas de canguro. Habrá que buscar otra solución. Quizá se podría pensar en la introducción de esta bacteria de los canguros en la microbiota intestinal de las vacas, o en la manipulación genética de las bacterias autóctonas del rumen bovino por introducción de la ruta metabólica que permite una menor producción final de metano. Las dos soluciones son más sutiles y tienen menos impacto biológico y gastronómico que la sustitución de nuestras vacas por canguros.

El walabi es un marsupial que habita en Australia y nueva Guinea.

Lo que acabamos de ver demuestra que los animales también tienen su microbiota. Los microorganismos están por todas partes. Los animales están colonizados por microbios simbiontes que son beneficiosos y fundamentales para el correcto desarrollo de su biología. Lo mismo que en nuestro caso, estos microbios buenos influyen en el desarrollo del metabolismo y el sistema inmune del animal mediante complejas interacciones entre ellos y su hospedador. Este concepto ha llevado a la idea de que en realidad los animales son superorganismos compuestos no solo de células, sino también de la inmensa cantidad de microorganismos que lo colonizan. Y esto ha sido admitido por muchos de nosotros casi como un dogma: los microorganismos están por todas partes y todos los animales tienen su microbiota particular. Pero, como hemos visto y ocurre con tanta frecuencia, en biología el único dogma es que no hay dogmas.

Recientemente se ha descubierto un hecho muy curioso y es que las orugas de las mariposas —lepidópteros— no tienen microbiota en su intestino. Algunos estudios previos mediante microscopia ya habían sugerido que no había o era mínima la cantidad de microbios en el intestino de las orugas. Ahora, las técnicas de amplificación y de secuenciación genómica lo han confirmado. Han analizado la composición microbiana en el intestino y en las heces de 124 especies distintas de orugas salvajes herbívoras obtenidas de distintos puntos geográficos de EE. UU. y de Costa Rica. Las heces se obtenían en no más de 30 minutos después de la defecación, así que ya te puedes imaginar lo atentos y meticulosos que han tenido que ser los investigadores para recoger las muestras de caca de cientos de orugas salvajes: todo sea por la ciencia. También tomaron muestras de las hojas en las que estaban las orugas para analizar su composición microbiana. Los investigadores han encontrado que la cantidad de bacterias en el intestino de estas orugas era varios miles de veces más baja que la que se encuentra en otros insectos y vertebrados. Además, hubo una gran variabilidad en el tipo de bacterias intestinales entre orugas de la misma especie, lo que demuestra que no hay unos tipos o grupos concretos de bacterias en el intestino de las orugas. Esto sugiere que esas pocas bacterias no son residentes del intestino, no son bacterias que se multiplican y viven en el intestino, sino meros transeúntes que han entrado con los alimentos. La mayoría son bacterias muertas o inactivas, similares a las que se pueden encontrar en la superficie de las hojas de las que se alimentan las orugas. Las orugas no tienen, por tanto, una microbiota intestinal funcional, sino solo algunas pocas bacterias pasajeras que entran con el alimento. Está claro que las orugas que comen plantas no son minivacas. Además, para apoyar esta idea demostraron que el crecimiento y el desarrollo de una oruga concreta, *Manduca sexta*, no dependía de la actividad de las bacterias intestinales. Para ello, alimentaron a la oruga con antibióticos, de forma que prácticamente no quedara ninguna bacteria en su intestino. Comprobaron que la ausencia de microbios no afectaba para nada al desarrollo ni a la supervivencia de la oruga, que continuaba con su ciclo biológico normal, sin ningún efecto negativo. Esta falta de microbiota intestinal residente no ocurre, sin embargo, en las fases adultas del desarrollo, es decir, cuando la oruga ya se hace mariposa o polilla.

Después de todo lo que hemos aprendido sobre la microbiota, ¿cómo es posible que haya animales sin microbiota intestinal? Los autores de este descubrimiento sugieren que algunas particularidades del intestino de las orugas y de otros insectos hacen que este sea un ambiente bastante desfavorable para el crecimiento y la colonización bacteriana. La estructura intestinal es muy simple y el pH del intestino suele ser muy alto —entre 10 y 12—, lo que puede evitar que se formen biopelículas de microbios. Además, el alimento pasa por el tubo digestivo con gran rapidez —normalmente menos de dos horas—, y eso también puede influir en que las bacterias no tengan tiempo de colonizar el intestino. De algún modo, no tener microbios puede ser una ventaja adaptativa, en el sentido de que los animales cuya biología es muy dependiente de la relación mutua con los microbios pueden ser menos capaces de cambiar de hábitat o de plantas de las que se alimenta. La oruga sin microbios se ocupa ella sola de la digestión del alimento, en vez de depender de unos microbios, algo así como «yo me lo guiso, yo me lo como». Se podría especular que esto podría facilitar a la oruga la diversificación y la colonización de nuevos hábitats. De hecho las mariposas y las polillas —los lepidópteros— representan el segundo grupo de insectos más numerosos —el primero son los coleópteros—. En otras larvas de insectos —como el insecto palo— y algunos gusanos con sistemas digestivos similares también se ha comprobado que carecen de microbiota. Sin embargo, la ausencia de microbiota en los animales parece que es algo anecdótico, una de esas curiosidades a las que nos tiene acostumbrados la naturaleza... o no. Quizá sea más frecuente de lo que pensamos.

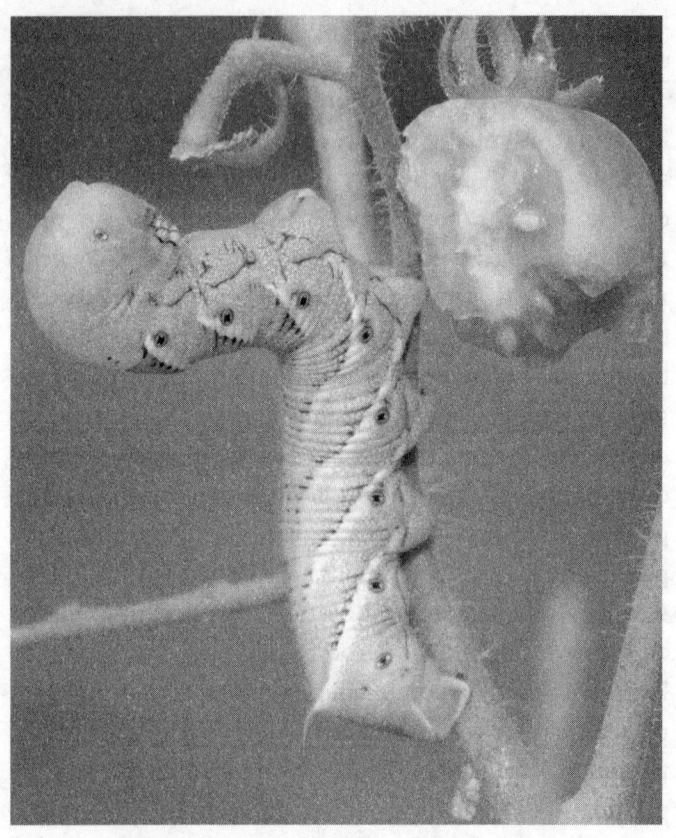

Oruga de *Manduca sexta* alimentándose de un tomate. Es conocida como gusano del tabaco debido a que se alimenta de tabaco, patata, tomate y otras solanáceas.

LA VARIABLE INVISIBLE

¿Sabías que los cambios en la microbiota del ratón de laboratorio pueden explicar por qué es tan difícil reproducir los resultados de un experimento? El ratón es uno de los animales de experimentación más empleado por los científicos. Para conocer la causa de una enfermedad, cómo se regula un gen *in vivo*, qué efecto tiene un tratamiento o una nueva vacuna antes de probarlo en humanos, hay que hacerlo en ratoncitos de laboratorio. Algunos, exagerando un poco, dicen que hoy en día ya somos capaces de curar todas las enfermedades humanas... en el ratón. Si alguna vez has trabajado con ratones ya sabrás que los experimentos *in vivo* suelen traer de cabeza a los investigadores: la variabilidad de los resultados es enorme y son difíciles de reproducir. Por eso, en estos experimentos *in vivo* te preocupas mucho de emplear ratoncitos que sean lo más parecidos posible entre ellos: del mismo vendedor, de la misma cepa, del mismo peso, del mismo sexo, de la misma edad, de la misma camada. Además, intentas mantenerlos exactamente en las mismas condiciones:

jaulas idénticas ordenadas en estanterías meticulosamente estandarizadas, con la misma comida y bebida, los mismos ciclos de luz/oscuridad, temperatura y humedad controlada. En ocasiones las jaulas tienen ventilación presurizada, como si cada ratón estuviera en la cabina de su propio avión privado. Esperas que cuanto más parecido sea todo, los resultados serán más homogéneos, pero muy poca veces ocurre así. Siempre hay algún resultado con un ratón que se sale de la gráfica, el caso a parte, el maldito caso aparte o *outlier* que algunos malintencionados borran de la tabla.

Cada vez hay más estudios que ponen de manifiesto la dificultad para replicar muchos de los resultados en experimentos preclínicos. La presión por publicar y el sesgo de evitar o suprimir resultados negativos explican en parte la falta de reproducibilidad. Pero también influyen pequeños cambios en el protocolo —algún pequeño detalle que se omite sin querer, o deliberadamente, en la sección de material y métodos—, las distintas cepas de animales o diferentes ambientes en los laboratorios. Hay, sin embargo, un factor al que hasta ahora no le habíamos prestado mucha atención, una variable invisible: los microbios del interior del ratón. Cada vez somos más conscientes de que la microbiota del ratón puede arruinar tu experimento y ser la causa del problema de la irreproducibilidad de los resultados. Por eso, se ha estudiado el efecto de las interacciones entre el ratón y sus microbios en los resultados experimentales.

Ahora ya nos damos cuenta del efecto que estos pequeños huéspedes y sus genes tienen en nuestro interior y en el de cualquier mamífero. Ya hemos visto que la respuesta a un medicamento o a un tratamiento puede depender fácilmente de los microbios vivos que tengas en tu interior. Los microbios en el interior del ratón están siempre cambiando, haciendo imposible la estandarización. Cuando se han tomado muestras de ratones control de experimentos distintos y se analiza la microbiota intestinal se comprueba que cada grupo tiene distinta composición. El zoo de microorganismos en el interior de cada animal puede variar por cualquier pequeña circunstancia, como la fuente de proteína en el pienso —aunque sea de la misma marca comercial—. El estrés al separarlos, cada vez que retiramos un ratón de la jaula por ejemplo, puede cambiar el ecosistema microbiano, el delicado equilibrio en los microbios del ratón. La calidad del aire, el tipo y cantidad de comida, la acidez del agua, etc. también pueden influir en la microbiota. Muchos investigadores no se preocupan de dónde viene la alimentación o el agua que le dan al ratón. Quizá te sorprenda, pero otros factores que pueden afectar a la microbiota, y por tanto a la respuesta del ratón son: la hora a la que los manipulas, infectas o das el tratamiento; el tipo de cama que tiene el ratón en la jaula; la altura a la que esté situada la jaula en la estantería; o el sexo de la persona que los manipula. Pequeñas diferencias en la microbiota pueden explicar por qué los ratones con la misma mutación genética responden de forma diferente. Pero ¿cuál es la microbiota normal del ratón de laboratorio? Es muy difícil saberlo. La microbiota puede cambiar según el sexo, la edad y la alimentación del ratón. Pequeños cambios ambientales pueden modificarla. Cuando se analizan las bacterias presentes en las heces de ratones de dos marcas distintas, la diversidad y la abundancia de ciertos microbios es diferente. Estos cambios pueden afectar a la respuesta inmune e inflamatoria. Y no vale quitar esos pequeños huéspedes del interior del ratón. Hoy sabemos que los microbios son esenciales para el correcto funcionamiento del sistema inmune y, por tanto, para nuestra salud. ¿Cómo podemos entonces controlar esa variable? Sabemos que la microbiota de ratones de la misma camada tiende a ser más parecida entre ellos. Por eso, en todo experimento con ratones el grupo control debería ser siempre de la misma camada que el grupo experimental. Por ejemplo, es frecuente que cuando se estudia el efecto de una determinada mutación se compare el resultado de la cepa salvaje —el control sin la mutación— con el de cepas de ratones mutantes. Esos ratones suelen ser cepas que no provienen de la misma camada y que por tanto seguro que tienen una microbiota distinta. Concluir que la mutación es la causante del efecto es erróneo, porque no se está teniendo en cuenta la aportación de la microbiota y de sus genes.

Una forma de mirar el mundo microbiano del ratón sería a través del ratón centinela. El ratón centinela es el que se deja solo en una jaula del mismo estante para controlar posibles patógenos que interfieran con el experimento. Se sacrifica al final del experimento y se buscan en él la presencia de microorganismos patógenos que hayan podido infectar las jaulas y afectar a los resultados. Cuando se detecta un patógeno, se esterilizan todas las jaulas del estante. Hasta ahora no se hace, pero también se podría incluir un ratón centinela para analizar la microbiota intestinal. Algunos investigadores han mezclado sus ratones de laboratorios con ratones salvajes comprados en una tienda de mascotas. Estos ratones «sucios» suelen tener una microbiota intestinal mucho más rica y abundante, y son una mejor aproximación a la microbiota humana, mejor que un ratón de laboratorio estándar. Además, los ratones «sucios» suelen ser portadores de enfermedades ya erradicadas en la mayoría de los ratones de laboratorio, como hepatitis o neumonía. La exposición a estas enfermedades llevada por sus compañeros de jaula, mata a casi un 25 % de la colonia de ratones, pero los que sobreviven generan una respuesta inmune capaz de combatir la infección. Ahora estos ratones pueden ser un modelo mejor, más realista, para estudiar el sistema inmune y las enfermedades infecciosas humanas, por ejemplo.

Conseguir que los resultados sean reproducibles es fundamental para el avance de la ciencia. Pero el asunto es complejo. Se ha propuesto consensuar entre investigadores, agencias de financiación, revisores y editores de revistas científicas, e instituciones académicas una información mínima que debería añadirse a los experimentos con ratones. Entre esa información, además de detallar aspectos como la genética del ratón, el método experimental o el mantenimiento de los animales, se debería añadir el análisis de la microbiota y de su efecto sobre la biología del animal. No te tiene que extrañar, por tanto, que dentro de pocos años todos los estudios con animales deban incluir un análisis de la microbiota fecal en la sección de material y métodos..., si quieres que te lo publiquen. Todos sabemos que lo que funciona en el ratón muchas veces no funciona en humanos. Pero, como vemos, incluso lo que funciona en un ratón no funciona en otro, y la culpa la tienen los microbios.

ANTIBIÓTICOS EN TUS TRIPAS: LA SOLUCIÓN PUEDE ESTAR EN TU INTERIOR

En los últimos 70 años los antibióticos han salvado millones de vidas. Durante muchos años hemos pensado que los antibióticos eran seguros y la gran arma contra las infecciones bacterianas —no me cansaré de repetir que no hacen nada contra los virus—. Pero los antibióticos son un arma de cuatro filos. Los dos primeros son obviamente los más evidentes desde un principio: los antibióticos sirven para tratar infecciones bacterianas de manera individual, pero también benefician a la comunidad al prevenir que el agente infeccioso se entienda entre la población. El tercer filo de los antibióticos ya lo predijo el mismo Alexander Fleming en 1945 en su conferencia de aceptación del premio Nobel, cuando vaticinó los problemas que podrían surgir por la resistencia a los antibióticos —luego hablaremos de esto—. Pero el cuarto filo de la espada de los antibióticos ha permanecido oculto hasta hace relativamente poco tiempo y es el daño colateral de los antibióticos sobre las bacterias que normalmente viven en personas sanas, sobre nuestra microbiota. Ya sabemos el papel tan importante que juegan nuestras bacterias en nuestra salud y lo importante que es tener una microbiota sana y equilibrada desde los primeros años de nuestra vida.

Alexander Fleming en su laboratorio de St Mary's, Paddington, Londres.

Poco después de que los antibióticos comenzaran a emplearse para curar infecciones en personas y en animales, los granjeros se dieron cuenta de que, añadiendo pequeñas dosis de antibióticos al pienso o al agua de sus ganados, los animales engordaban. Además, cuanto antes se comenzaba el tratamiento mayor era el efecto. Por eso, el uso de antibióticos como suplemento en la alimentación del ganado es una práctica muy común en todo el mundo. Este simple hecho ya demuestra que la exposición a los antibióticos afecta al desarrollo del metabolismo: en realidad, sin darnos cuenta, durante los últimos decenios hemos llevado a cabo un experimento mundial en las granjas. En ratones de laboratorio se ha comprobado que el tratamiento con antibióticos en edades tempranas causa problemas en el desarrollo de la microbiota, normalmente asociados a una pérdida de diversidad de algunas especies bacterianas. Esto conlleva una alteración del metabolismo que afecta al crecimiento de la grasa, de los huesos y al desarrollo normal del sistema inmune.

Pero ¿qué pasa en humanos?, ¿es posible que la administración de antibióticos a los niños pequeños también afecte al desarrollo de su metabolismo?, ¿los niños a los que tratamos con antibióticos de pequeños tienden a ser más gordos? Pues parece que sí. Los antibióticos inducen una pérdida de la diversidad de la microbiota intestinal, reducen la población de alguna bacteria o grupos de bacterias concretos en el intestino, que cumplen alguna función importante en el metabolismo general. Algunos autores han comprobado que los antibióticos reducen las bacterias de los grupos

Firmicutes y *Bacteroidetes* y aumentan las enterobacterias en el intestino. Además, los antibióticos disminuyen la natural capacidad protectora de la microbiota contra la colonización de patógenos invasores. Esto posibilita que proliferen en el intestino patógenos resistentes a los antibióticos, como por ejemplo cepas de *Enterococcus* resistentes. Los cambios que generan los antibióticos en la composición de la microbiota suelen ser muy rápidos, en menos de 48 horas. Este efecto depende del tipo de antibiótico, de la dosis, de la duración del tratamiento, de la ruta de administración, etc. En adultos en los que la microbiota intestinal es más diversa y estable, parece que es más resistente a la acción de los antibióticos y que, si ocurre un cambio por un tratamiento fuerte con antibióticos, la microbiota acaba recuperándose en unas pocas semanas. Por el contrario, el desarrollo de la microbiota en los niños pequeños sí que se ve muy influenciada si se emplean antibióticos y puede incluso no recuperarse del todo. El uso de antibióticos durante el embarazo y la lactancia puede afectar a la microbiota intestinal del bebé. También se ha comprobado que el tratamiento con antibióticos durante el parto para prevenir una infección se ha asociado con una reducción de la diversidad microbiana y una menor abundancia de lactobacilos y bifidobacterias en el intestino del recién nacido. Otros autores han demostrado que la alteración de la microbiota intestinal con antibióticos en los primeros años de la vida conlleva cambios en la composición y en la actividad metabólica de la microbiota, con el resultado de obesidad en el comienzo de la edad adulta. Cada vez hay más evidencias de que la exposición a antibióticos en edades muy tempranas está asociada a un aumento del riesgo de padecer algunas enfermedades metabólicas, como la obesidad, la diabetes de tipo 1 y 2, el colon irritable, la celiaquía, las alergias y el asma. Son enfermedades que, como ya hemos visto, se asocian con un desequilibrio en la microbiota intestinal, una asociación causal, no mera correlación temporal. Por todas estas razones, está claro que el uso de antibióticos en niños pequeños debe estar estrechamente vigilado por el médico pediatra.

Pero la relación entre los antibióticos y la microbiota es de ida y vuelta. Por una parte estamos diciendo que los antibióticos afectan a la microbiota, pero lo curioso es que las mismas bacterias de la microbiota son capaces de producir antibióticos. Veamos algunos ejemplos.

Las bacterias del género *Staphylococcus* son uno de los pobladores de nuestra microbiota y se encuentran en las narices de aproximadamente un tercio de la población humana. Hay muchos tipos de estafilococos distintos, unos buenos y otros malos. Algunos de los que colonizan nuestra nariz son patógenos, como el *Staphylococcus aureus*, y causan muchas infecciones difíciles de tratar y en algunos casos incluso mortales. Literalmente, el *Staphylococcus aureus* nos tiene hasta las narices. Por eso, es urgente encontrar alguna estrategia para evitar que estas bacterias patógenas colonicen nuestra fosas nasales. Hace poco un grupo de investigadores descubrieron un estafilococo en nuestra nariz con propiedades muy interesantes. Se trata de *Staphylococcus lugdunensis*, que es capaz de producir una sustancia bactericida —homicida es aquel que mata humanos, el bactericida mata bacterias— que inhibe el crecimiento de su primo el *aureus*. *Staphylococcus lugdunensis* es, por tanto, uno de esos estafilococos buenos de nuestra microbiota que produce un antibiótico. A este nuevo antibiótico le han denominado lugdunina y es una pequeña proteína de solo cinco aminoácidos unida a otra molécula —un heterociclo de tiazolidina—. La lugdunina tiene una potente actividad antimicrobiana no solo contra su primo *Staphylococcus aureus*, sino también contra una gran variedad de bacterias, incluidos patógenos oportunistas difíciles de tratar, resistentes a otros antibióticos. También han analizado la capacidad de la lugdunina de curar infecciones *in vivo*. Para ello, emplearon un modelo de ratones con una infección cutánea con *Staphylococcus aureus*, que fueron tratados con el nuevo antibiótico. Los resultados demostraron que la lugdunina era capaz de erradicar completamente la bacteria de la piel. Comprobaron también que la cepa *Staphylococcus lugdunensis* productora del antibiótico era capaz de prevenir la colonización de *Staphylococcus aureus* de las fosas nasales en un estudio con pacientes hospitalizados. Esto sugiere que la lugdunina podría ser empleada para prevenir infecciones por *Staphylococcus aureus*. La lugdunina es un raro ejemplo de compuesto bioactivo sintetizado por una bacteria asociada a nuestro cuerpo. Pero ¿es esto tan raro, el que nuestras propias bacterias produzcan nuevos antibióticos? Pues no, no es la primera vez que se describe que bacterias de nuestro propio cuerpo producen sustancias con actividad antimicrobiana. En 2014, un estudio sistemático de los genes relacionados con la biosíntesis de pequeñas moléculas en el microbioma humano de personas sanas, reveló un nuevo antibiótico, la lactocilina. Este nuevo antibiótico es también un pequeño péptido, producido en este caso por una bacteria de la vagina, *Lactobacillus gasseri*. La lactocilina es un potente antibiótico contra patógenos frecuentes en la vagina como *Staphylococcus aureus*, *Enterococcus faecalis*, *Gardnerella vaginalis* y *Corynebacterium aurimucosum*, entre otros. Por el contrario, este antibiótico es inactivo frente a otros *Lactobacillus* comensales, no patógenos, de la vagina, lo que sugiere que puede ser empleado contra los patógenos sin alterar la microbiota vaginal normal. Pero la lugdunina y la lactocilina no son los únicos ejemplos; en realidad, hace ya más de cuarenta años un grupo de colegas españoles publicó un trabajo pionero en el que describió por primera vez una nueva familia de antibióticos obtenidos de bacterias aisladas de heces humanas: las microcinas.

Estos trabajos demuestran que la microbiota humana puede ser una valiosa fuente de nuevos antibióticos. Y el tema es muy importante, porque cada vez se aíslan más bacterias resistentes a los antibióticos que suponen ya un problema de salud pública mundial. Algunos ya definen la resistencia a los antibióticos como la pandemia del siglo XXI. Pero esto... esto es otra historia, la siguiente historia.

SEGUNDA PARTE
LA PANDEMIA DEL SIGLO XXI

EL LADO OSCURO DE LOS MICROBIOS

Durante siglos el hombre creyó que el origen de las enfermedades era un castigo de los dioses o un problema del interior de nuestro cuerpo.

Los griegos pensaban que el cuerpo humano estaba compuesto de cuatros sustancias básicas, los humores —bilis negra, bilis amarilla, flema y sangre—, cuyo equilibrio indicaba el estado de salud de la persona. Las enfermedades eran fruto de un exceso o de un déficit de alguno de esos humores. Incluso la propia personalidad o temperamento de cada uno de nosotros estaba influenciada por la preponderancia de los humores: melancólico, colérico, flemático o sanguíneo, respectivamente.

Más adelante comenzó a culparse de las enfermedades a las miasmas, conjunto de sustancias o emanaciones fétidas, impuras y perjudiciales de suelos, aguas, aire corrupto, personas enfermas o cuerpos en descomposición, capaces de transmitir la enfermedad. En realidad, todo esto no eran más que aproximaciones que demostraban que no teníamos ni idea de cuál era la causa de las enfermedades.

Desde el siglo XVI ya se sabía que algunas enfermedades eran causadas por «algo» que podía transmitirse de una persona enferma a otra sana, que se podían contagiar.

Quizá hayas visto alguna vez unos dibujos que representan a un hombre de los siglos XVII-XVIII disfrazado de lo que parece un pájaro, con un máscara en forma de pico que cubría toda la cara, incluso los ojos, con gorro, guantes, botas, una túnica oscura hasta los pies y un bastón. A algunos les recuerda la muerte, otros creen que es parte del carnaval de Venecia. En realidad era una indumentaria especial diseñada por Charles Delorme, médico del rey Luis XII, durante una epidemia de peste que asoló Marsella en el siglo XVII para protegerse del contagio al asistir a los enfermos. La curiosa indumentaria la usaban los médicos que atendían a los enfermos de peste. La máscara en forma de pico de ave contenía en su interior perfumes, menta, rosas, alcanfor y paja a modo de filtro contra el olor fétido de los apestados. El cuerpo estaba todo cubierto con una túnica gruesa de piel para evitar el contacto, y un bastón blanco para no tocar a los enfermos directamente.

La peste era sinónimo de muerte, de terror. Entre los siglos XIV al XVIII en Europa hubo hasta diez pandemias de peste negra, con más de 25 millones de muertos. Otra curiosidad que quizá no sepas es la relación del cuento del flautista de Hamelín y la peste. El origen de la leyenda del flautista parece que es del siglo XIV y en realidad lo que describe es una de las profesiones mejor pagadas de la época: los cazadores de ratas, a los que se les contrataba para exterminar a los roedores que transmitían la peste.

Han sido muchas las enfermedades infecciosas que han acompañado al ser humano durante siglos: peste, diarreas, fiebres, tuberculosis, lepra, viruela, tifus, paludismo, sífilis, tétanos, gripe..., pero el agente causante siempre fue un gran misterio. Cuando Leeuwenhoek mostró al mundo sus animálculos en el agua, algunos empezaron a pensar que quizá aquellos seres diminutos podrían estar relacionados con las enfermedades.

Joseph Lister —1827-1912— fue el primer médico que se dio cuenta de que las heridas putrefactas eran la causa de la alta mortalidad en los hospitales. Entre un 30 y 50 % de los enfermos morían por infecciones quirúrgicas. Lo de las batas, los guantes y las mascarillas es un invento relativamente moderno. Lister desarrolló las primeras técnicas de antisepsia para evitar las contaminaciones en los quirófanos, aplicando compresas con agua o pomadas con fenol —un potente desinfectante— a las heridas y pulverizando el ambiente y los objetos quirúrgicos. Gracias a Lister el número de muertes por infecciones contraídas en los quirófanos disminuyó de forma muy importante y su técnica de desinfección se extendió por todos los hospitales.

Esto fue una demostración indirecta de la importancia de los microorganismos en la enfermedad, pero faltaba la prueba definitiva. Fue el francés Louis Pasteur —1822-1895— quien puso los cimientos a la teoría de los microbios como causa de ciertas enfermedades. Primero Pasteur acabó definitivamente con cualquier teoría favorable a la generación espontánea —eso de que la vida surge espontáneamente por «magia potagia»— y demostró que los microorganismos provienen siempre de alguna fuente de contaminación y nunca de forma espontánea. Además, con sus trabajos sobre la fermentación, demostró que la descomposición del vino estaba causada por una contaminación específica por microorganismos. Estos trabajos le llevaron a la conclusión de que, si los gérmenes eran la causa de la putrefacción del vino, también podían ser los causantes de enfermedades contagiosas en los humanos. De esta manera, surgió la teoría de los gérmenes para explicar la naturaleza de las enfermedades contagiosas, que no encontró una aceptación general entre los investigadores de la época.

Tuvieron que pasar unos pocos años hasta que otro microbiólogo, esta vez alemán, mostrara de forma definitiva el lado oscuro de los microbios: Robert Koch —1843-1910—. Cuando nació Koch, Pasteur tenía 21 años. Koch fue el autor de los experimentos que demostraron que cada especie bacteriana causa una enfermedad infecciosa específica. Seguro que has oído hablar de «el bacilo de Koch». Aunque te suene a otra cosa, se refiere a *Mycobacterium tuberculosis*, la bacteria con forma alargada —de bacilo— que descubrió Koch en 1882. Las aportaciones de Koch a la medicina, la ciencia y la bacteriología en particular le hicieron merecedor de uno de los primeros Premios Nobel de Medicina y Fisiología en 1905. —¿Sabes por qué a Pasteur no le dieron el Nobel? ¿Porque era francés? No, los Nobel comenzaron a otorgarse en 1901 y Pasteur murió en 1895—.

Aunque Koch comenzó su carrera profesional como médico rural, un microscopio que le había regalado su mujer le hizo cambiar de rumbo y acabó dedicándose a la investigación. Todavía en sus inicios, comenzó estudiando la enfermedad del carbunco o ántrax, y descubrió que las endosporas de la bacteria que lo causa pueden también transmitir la enfermedad. Consiguió así explicar por primera vez el ciclo biológico del ántrax. En el Instituto Imperial de la Salud de Berlín, junto con su equipo de colaboradores, desarrolló las técnicas para cultivar y multiplicar las bacterias en el laboratorio. Primero empleó rebanadas de patata, pero se le contaminaban fácilmente con hongos ambientales. Luego empleó gelatina para solidificar los medios de cultivo, pero algunos microorganismos son capaces de comérsela, la degradan. Además, la gelatina no se mantenía sólida a 37 °C, que es la temperatura a la que crecen la mayoría de los patógenos humanos.

Fue el primero en emplear el agar para solidificar los medios de cultivo y en hacer crecer las bacterias en unas cajitas de cristal que había diseñado su colaborador Petri, las famosas placas de Petri. Obtuvo así los primeros aislamientos y cultivos puros de bacterias. La idea de emplear agar la sugirió Angelina Fanny Eilshemius, la mujer de Walter Hesse, unos de sus colaboradores. Angelina Fanny empleaba agar para solidificar las mermeladas. Walter se llevó el invento de la cocina al laboratorio y fue el primero que empleó agar en lugar de gelatina. La ventaja del agar es que permanece sólido a 37 °C, la mayoría de las bacterias no la degradan y además es trasparente, lo que facilita el examen de las bacterias. Llevamos más de 120 años usando el agar para preparar los medios y obtener cultivos puros bacterianos. Algo tan sencillo como los medios sólidos con agar en placas de Petri ha sido esencial para el desarrollo de la microbiología clínica y de estrategias para combatir las enfermedades infecciosas. Y todo gracias a Angelina Fanny y las clases de cocina que le dio a su marido.

Fotografía de Fanny Hesse. El agar es un polisacárido sin ramificaciones que se obtiene de la pared celular de varias especies de algas de los géneros *Gelidium*, *Euchema* y *Gracilaria*.

Koch describió también por primera vez las técnicas de preparación y tinción de bacterias. Fue el primero en emplear el microscopio con aceite de inmersión, que acababa de desarrollar la empresa alemana Zeiss para visualizar los microorganismos a gran aumento.

Aficionado a la fotografía, consiguió las primeras fotografías de bacterias nunca publicadas hasta la fecha.

Pero lo que realmente le hizo famoso y popular a nivel mundial fue el descubrimiento de que una bacteria era el agente causante de la tuberculosis y la demostración de que era una enfermedad infecciosa. Ten en cuenta que en aquella época la tuberculosis era una de las enfermedades más extendidas en el mundo, con unos 3,5 millones de muertos cada año. Robert Koch fue el primero en aislar y cultivar el bacilo de la tuberculosis. La metodología que empleó para demostrar que una bacteria concreta es el agente que causa una enfermedad determinada la plasmó en sus famosos postulados: 1) el microorganismo tiene que estar siempre presente en las personas que sufran la enfermedad y no en individuos sanos; 2) el microorganismo debe ser aislado y crecer en un cultivo puro; 3) cuando dicho cultivo se inocula a un animal sano, deben reproducirse en él los síntomas de la enfermedad; y 4) el microorganismo debe aislarse nuevamente de estos animales y mostrar las mismas propiedades que el microorganismo original. Si se cumplían esos postulados, se demostraba que una bacteria concreta era la causa de esa enfermedad.

Pero, además, Koch y sus colaboradores descubrieron que otra bacteria, *Vibrio cholerae*, era la causante del cólera: fueron capaces de aislar la bacteria en cultivo puro y demostrar que el agua de bebida contaminada era la vía de transmisión del patógeno. Colaboraron en la implantación de sistemas de filtración del agua, lo que permitió el control de los brotes de cólera.

Durante la última etapa de su vida, se dedicó a

estudiar otras enfermedades tropicales como la peste bubónica, la malaria, la peste del ganado, la fiebre tifoidea o la enfermedad del sueño. Realizó varios viajes a África y a la India, donde estudió los mecanismos de transmisión de estas enfermedades y colaboró en el desarrollo de medidas preventivas para evitar que se propagase. Fue el primero, por ejemplo, en incorporar el concepto de portador sano —una persona sana que no manifiesta ninguna enfermedad pero que es portadora del microorganismo y puede contagiar a otros— en el mantenimiento de muchas enfermedades infecciosas, algo fundamental en salud pública.

Sus pupilos, usando su metodología, descubrieron los organismos responsables de la difteria, el tifus, la neumonía, la gonorrea, la meningitis cerebroespinal, la lepra, la peste pulmonar, el tétanos y la sífilis.

Sin embargo, no todo fueron éxitos. Desarrolló la tuberculina —un preparado a partir de cultivos del bacilo *Mycobacterium*—, que propuso como tratamiento para curar la tuberculosis. Aunque constituyó su gran fracaso —la tuberculina no cura la tuberculosis—, sí que llegó a ser uno de los métodos más precisos para el diagnóstico clínico de la infección.

A pesar de ello, las aportaciones de Robert Koch son una referencia fundamental para el desarrollo de la microbiología y el control de las enfermedades infecciosas. La aplicación de su metodología permitió la demostración del origen infeccioso de muchas enfermedades, una etapa de la historia de la ciencia que se conoce como la Edad de Oro de la Microbiología. Así, desde 1876 hasta 1910 se descubren los microorganismos causantes de decenas de enfermedades: *Escherichia coli*, *Clostridium tetani*, *Shigella dysenteriae*, *Trypanosoma cruzi*, *Brucella melitensis*, *Neisseria gonorrhoeae*, *Streptococcus pneumoniae*, *Yersinia pestis*, *Bordetella pertusis*, etc.

Cuando ya fuimos conscientes de que las enfermedades infecciosas estaban causadas por microorganismos, los animálculos de Leeuwenhoek que estaban por todas partes, el siguiente reto fue desarrollar métodos para matar esos microorganismos y controlar y curar así las infecciones. Pasteur ya se dio cuenta de que calentando durante un tiempo los vinos fermentados podía inactivar las bacterias que lo degradaban —de ahí viene lo de la «pasteurización» de los líquidos—. Y Koch demostró la superioridad del calor húmedo frente al seco para matar las bacterias. Pero obviamente no podíamos curar una enfermedad infecciosa calentando al paciente. Había que buscar otra estrategia, un arma, una «bala mágica» capaz de acabar con los malditos microbios patógenos.

LA «BALA MÁGICA»

Paul Ehrlich —1854-1915— fue un hombre original e inquieto. Nació en un pueblecito de Alemania —que actualmente está en Polonia— en 1854 y era un enamorado del color. En 1908 recibió el Premio Nobel de Medicina, junto con Mechnikov, por sus estudios sobre inmunología, anticuerpos y toxoides. Pero lo que a él le gustaba era teñir con colorantes los tejidos y las células. Le fascinaban los colorantes y su especificidad para teñir las células. Contemporáneo de Robert Koch, era diez años más joven, trabajó en su laboratorio. De hecho, sus aportaciones fueron fundamentales para el desarrollo de las tinciones diferenciales en microbiología, para poder ver mejor los microbios al microscopio. A consecuencia de su trabajo con *Mycobacterium tuberculosis*, enfermó de tuberculosis en 1888, que él mismo diagnóstico tiñendo su esputo con colorantes.

Ehrlich quería aprender a matar microbios con lo que él llamaba la «bala mágica». Buscaba un colorante capaz de teñir solo a los microbios y acabar con ellos. Probó cientos de compuestos distintos. En 1903, una pequeña modificación en el colorante rojo tripán logró curar un ratón infectado con el tripanosoma..., pero el experimento fue muy difícil de repetir. No obstante, la idea fundamental ya estaba sobre la mesa: había que probar todo tipo de colorantes y compuestos químicos con alguna modificación para ver si eran capaces de actuar como balas mágicas contra las bacterias, compuesto con una alta afinidad y potencia contra los parásitos y baja toxicidad para el organismo.

En 1909 consiguió, junto con su colega japonés Sahachiro Hata, el preparado 606, después de sintetizar y probar antes otros 605 compuestos distintos. El 606 era un derivado del veneno arsénico, en concreto el clorhidrato de para-dioxi-meta-diamino-arsenobenzol. El 606 era capaz de curar al ratón del *Treponema*, causante de la sífilis. Comprobó que era inocuo en conejos y en 1910 comenzó a comercializarlo bajo el nombre de Salvarsán, arsénico que salva —del latín *salvare*, salvar, y del alemán *arsen*, arsénico—. Aquel polvo amarillo fue todo un éxito y causó euforia en todo el mundo. Algunos calculan que en esa época el 15 % de la población europea tenía sífilis —«el mal francés» le llamábamos en España; «el mal español», en Francia. En España es muy probable que el 606 llegará de la mano del famoso médico Gregorio Marañón en 1910—.

Sin embargo, enseguida se comprobó que aquel derivado del arsénico tenía efectos secundarios tóxicos y uno de cada 200 personas tratadas moría por causa de envenenamiento por Salvarsán —recuerda que era un derivado del arsénico, uno de los venenos más potentes—. Ehrlich lo achacaba a que no sabían emplearlo bien, pero siguió ensayando nuevos compuestos y desarrolló el Neosalvarsán, el compuesto número 914, menos tóxico, con la mitad de efectos secundarios y algo más seguro —«solo» moría una de cada 2000 personas tratadas—. A pesar de la toxicidad de estos compuestos, a Paul Ehrlich se le considera el padre fundador de la quimioterapia, por acuñar uno de los conceptos o principios fundamentales de esta disciplina: la toxicidad selectiva, un compuesto capaz de matar a los microbios enemigos, pero que respete y sea inocuo con nuestras propias células sanas. Con el Salvarsán de Paul Ehrlich la búsqueda de agentes quimioterápicos capaces de acabar con los microbios patógenos había comenzado.

Pocos años después, en 1927, otro alemán, Gerhard Domgak —1895-1964— basándose en los trabajos de Ehrlich, encontró otro colorante —en este caso de color rojo— derivado de la sulfonamida, que protegía a los ratones de laboratorio del ataque de *Streptococcus pyogenes*. Esta sulfonamida fue comercializada con el nombre de Prontosil. Domgak llegó a tratar a su propia hija de seis años con Prontosil y consiguió evitar que le amputaran uno de sus brazos infectado. En los años siguientes se demostró que otros derivados de la sulfonamida eran eficaces contra otras bacterias, como los meningococos y los gonococos. Las sulfonamidas detienen el crecimiento de las bacterias al bloquear la síntesis del ácido fólico, un compuesto imprescindible para la producción de los ácidos nucleicos. Hoy en día, todavía se usan algunos derivados de las sulfonamidas en combinación con otros compuestos para el tratamiento de algunas infecciones concretas. Sin embargo, la aparición de otros compuestos más activos y los efectos secundarios tóxicos —sarpullidos, vómitos, daño hepático y renal— limitaron bastante su uso.

El 14 de marzo de 1942 una mujer de 33 años llamada Anne Miller se moría de una infección en un hospital en EE. UU. Había desarrollado una infección bacteriana después de un aborto espontáneo, una complicación muy frecuente en aquella época y que muchas veces era fatal. Ni las transfusiones de sangre ni las sulfonamidas eran capaces de acabar con el estreptococo que había colonizado su sangre. Su médico ya lo daba como un caso perdido cuando recordó una conversación mantenida con otro colega unos días antes. Le contó la historia de un grupo de científicos venidos de Oxford que habían desarrollado una sustancia llamada penicilina, que era varias veces más activa que cualquier otra droga contra las bacterias. La devastación y la paralización de la industria que había causado la Segunda Guerra Mundial en Europa había hecho imposible la producción de este nuevo compuesto. Por eso, estos científicos habían venido a EE. UU. para convencer a alguna compañía americana que produjera su medicina prodigiosa. El médico consiguió obtener unos pocos gramos de penicilina, menos de una cucharadita, para su paciente moribunda. Una poca cantidad que en realidad era la mitad de toda la penicilina que en ese momento había en EE. UU. No sabía exactamente qué dosis administrarle y le inyectó toda la medicación en varias dosis cada cuatro horas. A las 24 horas las bacterias de su sangre habían desaparecido. Después de un mes de convalecencia, la señora Anne Miller se fue a su casa y vivió una vida placentera hasta que murió en 1999, a la edad de 90 años. Anne Miller fue la primera paciente americana literalmente rescatada de la muerte gracias a la penicilina.

Si preguntamos a cualquiera quién descubrió la penicilina, seguro que la inmensa mayoría dice sin dudar Alexander Fleming. Y es verdad, en 1928 Fleming descubrió la penicilina..., pero la historia de la penicilina es mucho más apasionante como vamos a ver. Además, «descubrió» en sentido literal, porque la penicilina «estaba» ahí, era un compuesto natural producido por los propios microbios. A diferencia del Salvarsán o el Prontosil que eran quimioterápicos derivados de sustancias químicas sintetizadas en el laboratorio, la penicilina era un antibiótico, el primer antibiótico, un producto natural producido por un microbio, en este caso un hongo.

La historia convencional nos cuenta que el descubrimiento de la penicilina fue una de esas casualidades que ocurren en la vida de los científicos. Fleming trabajaba en un pequeño laboratorio de un hospital londinense con la bacteria *Staphylococcus* y la cultivaba en las típicas placas de Petri. Estaba interesado en estudiar el efecto de una nueva enzima que él mismo había descubierto unos años antes, la lisozima —enzima que lisa— capaz de romper o lisar las bacterias. Los microbiólogos tenemos la costumbre de abrir las placas para visualizar las colonias bacterianas y apuntar los resultados.

Esta costumbre no es muy recomendable porque, como veremos, las placas se pueden contaminar con microbios ambientales que estén en el aire. Fleming dejó unas cuantas de estas placas con estafilococos en el laboratorio y se fue de vacaciones. Al volver después del verano, analizando las placas antes de tirarlas comprobó que alguna de ellas se había contaminado con un hongo de color verde y que curiosamente el hongo había inhibido el crecimiento de los estafilococos. ¿Quizá el hongo había producido también esa lisozima que tanto le interesaba? Fleming comprobó que aquel hongo había producido una sustancia nueva, que denominó penicilina, en honor al nombre del hongo *Penicillium*. Aquella sustancia tenía la capacidad de lisar los estafilococos. Fleming pensó que el hongo contaminante había entrado en su laboratorio por la ventana abierta, pero los microbiólogos no solemos trabajar con las ventanas abiertas. Lo más probable es que proviniera del laboratorio del piso de abajo, que trabajaba con hongos. Además Fleming se confundió al clasificar el hongo: no era *Penicillium rubrum* sino una variante de *Penicillium notatum*.

La verdad es que el mismo Fleming no fue muy consciente de toda la importancia que tenía su descubrimiento. Sorprendentemente no realizó ningún experimento con animales, para ver si la penicilina podía curarles de una infección. Tampoco se preocupó por estudiar la composición química del compuesto: ¿qué era en realidad la penicilina? Es verdad que no lo tenía fácil, aquel compuesto era muy inestable, muy difícil de obtener y de extraer del medio donde crecía el hongo, se obtenía muy poca cantidad y con muchas impurezas.

Fleming publicó su descubrimiento en 1929 y durante diez años pasó bastante desapercibido. Siguió trabajando con la penicilina hasta 1935, pero sus intereses los dedicó curiosamente a las sulfonamidas. La idea de que un hongo podía tener propiedades curativas no era nueva. Ya los griegos y romanos prescribían hongos y mohos para tratar heridas y enfermedades. Hipócrates describió que algunos hongos y levaduras podían usarse contra ciertos problemas ginecológicos y Plinio el Viejo dedicó un capítulo de su obra *Historia Natural* a los hongos como remedio contra el reumatismo. Los mayas trataban úlceras e infecciones intestinales con un hongo que llamaban *cuxum*. Incluso ya en pleno siglo XX los campesinos de Ucrania, de Yugoslavia y de Grecia aplicaban mohos a las heridas, como remedio curativo más efectivo que los propios medicamentos comerciales. Probablemente el primer artículo de la medicina moderna sobre el uso terapéutico de un microorganismo es una publicación en la revista *Lancet* de 1852, que describe cómo tratar los fastidiosos forúnculos con una cucharadita de levaduras mezcladas con agua administrada tres veces al día. Pero el trabajo de Fleming fue el punto de partida de la revolución de los antibióticos, que junto con las vacunas son los dos descubrimientos médicos que más vidas han salvado. Por eso, su publicación en 1929 ha sido uno de los trabajos más importantes de la historia de la medicina.

Dr. Ernest Chain en la Escuela de Patología de la Universidad de Oxford.

Casi diez años después, en 1938 un par de investigadores de la Universidad de Oxford decidieron continuar el trabajo de Fleming. Curiosamente ambos eran emigrantes: un médico australiano, Howard W. Florey —1898-1968—, y un bioquímico judío alemán de origen ruso, Ernst B. Chain —1906-1979—. Chain se propuso poner a punto la técnica de extracción y purificación de la penicilina, algo que no fue nada fácil. El hongo había que cultivarlo en medios líquidos, su crecimiento era muy sensible a pequeños cambios de acidez y temperatura, y para obtener una pizca de penicilina había que cultivar cientos de litros de *Penicillium*. En mayo de 1940, Florey y Chain comprobaron que muy bajas concentraciones de penicilina eran suficiente para matar las bacterias y que, por el contrario, la penicilina a altas concentraciones no era tóxica para los ratones. Durante sus experimentos comprobaron que algunas bacterias contaminantes producían una enzima capaz de destruir la penicilina, la penicilinasa. Pero ese pequeño detalle, que tantos quebraderos de cabeza trajo años después, no era lo importante en ese momento. Realizaron además los experimentos con ratoncitos que Fleming no llevó a cabo. Infectaron ratones con la bacteria patógena *Streptococcus haemolyticus* y demostraron que solo aquellos ratones a los que se les administró la penicilina sobrevivían: ¡la penicilina funcionaba *in vivo*! Ahora solo faltaba producir más penicilina y probarlo en humanos.

Pero la historia no fue fácil. Florey y Chain trabajaban en unas condiciones paupérrimas, un laboratorio diminuto y sin medios suficientes. Obtener penicilina pura era muy costoso. Comprobaron que la penicilina se excretaba en la orina, así que la purificaban de los animales que empleaban en sus experimentos y la reutilizaban —esta práctica también se empleó años después con los primeros pacientes—. Necesitaban cientos de litros de *Penicillium*, y llegaron a emplear cajas de galletas, bandejas de tartas e incluso las bacinillas de los enfermos del hospital como recipientes para cultivar el hongo. La seda de los paracaídas viejos les servían para filtrar los medios de cultivo.

Cartel publicitario de penicilina publicado durante la Segunda Guerra Mundial por el Gobierno Federal de los Estados Unidos. *Fuente: Science History Institute.*

Su trabajo en el laboratorio coincidió con los bombardeos de Londres en la Segunda Guerra Mundial. Desde septiembre a octubre de 1940 cayeron más de 20 millones de kilos de bombas sobre Londres. Mientras Florey y Chain descubrían los poderes de la penicilina, Hitler estuvo a punto de invadir Londres. La casa de Fleming en Londres fue destruida durante los bombardeos de marzo de 1941. No sabían que los nazis tenían el plan secreto de no destruir las grandes universidades, pero en esas condiciones y bajo esa presión llevaron a cabo uno de los descubrimientos más importantes para la humanidad.

A pesar de ello, en enero de 1941 pudieron comenzar los primeros ensayos en humanos. La primera persona en la que se ensayó la penicilina fue una mujer, Elva Akers, que con un cáncer incurable y una esperanza de vida de solo un par de meses accedió a probarla. Sabía que no le iba a curar, el objetivo era probar si la penicilina tenía efectos tóxicos en el ser humano, pero ella estaba orgullosa de ayudar en este ensayo tan importante. Desgraciadamente ese primer preparado de penicilina contenía muchas impurezas y Elva padeció una reacción muy fuerte que le causó la muerte.

Para los ensayos en humanos había que mejorar la técnica de purificación del antibiótico. Poco después, se volvió a ensayar en un policía británico con una infección generalizada muy avanzada. El pobre hombre estaba todo él cubierto de pus y la posibilidad de sobrevivir era mínima. En esas condiciones, probaron varias dosis de penicilina y a las 48 horas el paciente mejoró y se recuperó. El ensayo había sido un éxito, pero las bacterias patógenas también se recuperaron y en unos días el paciente empeoró. Había que volver a administrarle penicilina, pero... ¡no había más! Se había utilizado toda la disponible en las primeras dosis, y el paciente falleció. Hacía falta más penicilina, pero, como hemos visto, para obtener unos pocos gramos eran necesario cientos de litros de cultivo del hongo. Una dosis de un día para una persona suponía varios meses de trabajo en el laboratorio. Además, Inglaterra estaba en guerra y todo estaba racionado: el fuel de calefacción, la gasolina, la comida —la ración era un huevo y un poco de carne por persona a la semana—. En esas condiciones ninguna compañía farmacéutica británica era capaz de invertir y dedicarse a producir penicilina, solo tenían recursos para fabricar los medicamentos que necesitaba el ejército y en ese momento la penicilina no se veía como una prioridad. Además, muchas de sus instalaciones estaban destruidas. Por eso, en julio de 1941, Florey decidió irse a EE. UU., donde ya residían sus hijos, para intentar convencer a laboratorios y empresas americanas para que fabricaran penicilina en grandes cantidades.

Con la entrada de EE. UU. en la Segunda Guerra Mundial en diciembre de 1941, la penicilina pasó de ser una curiosidad científica a una necesidad médica y una prioridad nacional, y en 1942 se comenzó su producción a gran escala. Se invirtió mucho tiempo en buscar nuevas cepas de *Penicillium* capaces de producir más cantidad de antibiótico y curiosamente la que mejor funcionó fue un hongo aislado de un melón putrefacto para tirar a la basura que obtuvieron en el mercado local de al lado del laboratorio donde trabajaban. Se confirmó que la penicilina no era tóxica y que era cientos de veces más activa y potente que las sulfonamidas.

En 1943, los resultados eran tan prometedores que la producción de penicilina fue la segunda prioridad militar del gobierno de los EE. UU. —la primera era la bomba atómica—. En un par de años se mejoró la producción y purificación de la penicilina y el precio de una dosis pasó de 200 dólares en 1943 a 6 dólares en 1945. Durante la Primera Guerra Mundial, millones de soldados murieron por culpa de heridas infectadas, pero la penicilina evitó millones de muertes por el mismo motivo durante la Segunda Guerra. En 1945 concedieron el Premio Nobel de Medicina a Fleming por el descubrimiento de la penicilina, y a Florey y Chain por su desarrollo. Durante la entrega del premio, Fleming vaticinó: «el uso impropio de la penicilina hará que esta llegue a ser inefectiva». Proféticas palabras: la guerra entre los antibióticos y las bacterias solo acababa de empezar.

¿CÓMO ACTÚAN LOS ANTIBIÓTICOS?

Un antimicrobiano es una sustancia que destruye o inhibe el crecimiento de un microorganismo patógeno sin dañar al huésped, es decir, sin efectos tóxicos para la persona —bueno, esto de los efectos tóxicos depende muchas veces de la dosis—. Como ya hemos dicho, la diferencia entre antimicrobianos sintéticos —como el Salvarsán o el Prontosil— y los antibióticos naturales —como la penicilina— es que los primeros son sustancias químicas sintetizadas en el laboratorio con actividad antimicrobiana y los antibióticos son todos de origen natural, producidos por los propios microorganismos.

Cuando Florey fue a EE. UU., una de las cosas que descubrió fue que la penicilina que desarrollaron en Gran Bretaña era diferente de la americana: había distintos tipos de penicilinas. Cuando describieron la estructura química de la penicilina se dieron cuenta de que las distintas penicilinas tenían estructuras químicas diferentes, pero un núcleo químico central en forma de anillo común a todas ellas — que se denomina anillo β-lactámico—. Por tanto, en realidad no podemos hablar de «la penicilina», sino de «las penicilinas», una familia de antibióticos con distintas estructuras químicas.

En la búsqueda de nuevos antibióticos en seguida descubrieron que había más microorganismos capaces de producir distintos tipos de antibióticos. La mayoría son producidos por microorganismos del suelo, como los hongos *Penicillium* y *Cephalosporium*, y las bacterias *Streptomyces* y *Bacillus* —se calcula que el 80 % de los antibióticos que conocemos están producidos por bacterias del género *Streptomyces*—. Lo mismo que la penicilina está producida por *Penicillium*, otros nombres de antibióticos que quizás te suenen también tienen que ver con el microorganismo que los producen: las cefalosporinas producidas por *Cephalosporium*, la estreptomicina por *Streptomyces* o la bacitracina por *Bacillus*.

Antes de explicar cómo actúan los antibióticos conviene recordar una vez más que solo son efectivos contra las bacterias, no contra los virus. Esto es muy importante. Mucha gente toma antibióticos cuando tiene una infección viral y esto es contraproducente, como veremos luego. Algunos antibióticos, según la dosis, pueden tener un efecto inhibidor del crecimiento de las bacterias, impiden que la bacteria se multiplique, pero no las mata. Es lo que se denomina efecto bacteriostático. Otros en cambio puede llegar a matar a la bacteria, son bactericidas.

Normalmente los antibióticos inhiben o bloquean alguna vía de síntesis de algún compuesto bacteriano.

Por ejemplo, las bacterias poseen una pared celular que las rodea, y cuyo principal compuesto es el peptidoglicano, una sustancia exclusiva de los procariotas. Esta pared celular es como una cáscara que protege a la bacteria. Las penicilinas y las cefalosporinas son antibióticos que bloquean la síntesis de este compuesto de la pared celular bacteriana, y sin esta pared protectora la bacteria muere rápidamente.

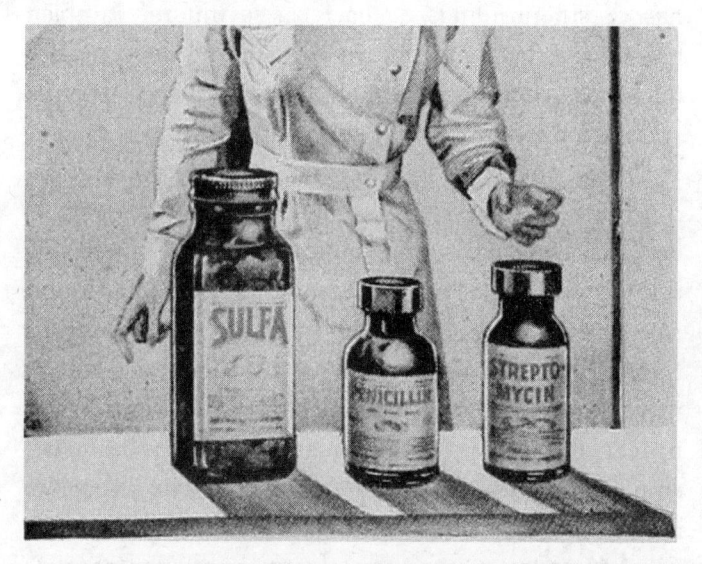

Ilustración que acompañaba a un artículo sobre los beneficios de la penicilina sobre la neumonía. *The Ladies home journal.*

Las penicilinas y las cefalosporinas se denominan también antibióticos β-lactámicos y constituyen aproximadamente la mitad de todos los antibióticos que se producen y se consumen en el mundo. Otros muchos antibióticos inhiben la síntesis de proteínas de la bacteria. La síntesis de las proteínas ocurre en los ribosomas y los ribosomas de los procariotas —bacterias y arqueas— son distintos de los de los eucariotas —nuestras células—. Por ejemplo, la estreptomicina, la kanamicina y la gentamicina —antibióticos de la familia de los aminoglucósidos—, las tetraciclinas, la eritromicina o el cloranfenicol se unen al ribosoma e interfieren así en la síntesis de proteínas. Y sin proteínas, la bacteria se muere. También hay antibióticos que afectan a la síntesis de los ácidos nucleicos, como las quinolonas, que inhiben la enzima ADN girasa bacteriana; otros desorganizan o destruyen las membranas de la célula, como la polimixina; o inhiben la síntesis de compuestos esenciales para la bacteria, como la isoniazida, que inhibe la síntesis de ácidos micólicos de la pared celular de *Mycobacterium tuberculosis*. Recuerda, por tanto, que hay muchos tipos de antibióticos diferentes y que cada uno tiene un mecanismo de acción concreto. No existe un antibiótico universal, capaz de inhibir o matar a todos las bacterias, sino que cada uno tiene su propio espectro de actuación, cada antibiótico actúa frente a un grupo de microorganismos concreto: unos son efectivos solo contra unos pocos patógenos y otros, de amplio espectro, pueden atacar a un mayor tipo de bacterias.

Como hemos visto, los antibióticos no son algo que se haya inventado el ser humano, es algo que hemos «descubierto» que producen bacterias y hongos de forma natural. ¿Y para qué sintetizan los microbios antibióticos? Lógicamente no están pensando en nosotros y en las enfermedades infecciosas. Las bacterias y los hongos sintetizan antibióticos para defenderse de posibles competidores. Si has estado atento mientras leías los capítulos anteriores, ya sabes que los microbios están por todas partes, no solo en nuestros intestinos. El suelo es un ecosistema muy complejo repleto de microorganismos. Ya vimos que en un gramo de tierra puede llegar a haber más de 10.000 millones de microorganismos, que compiten entre ellos por el mismo nicho ecológico, los mismos nutrientes. No nos damos cuenta, pero constantemente en el suelo se libra una batalla a vida o muerte entre los distintos microbios. Unos producen antibióticos que liberan al medio para inhibir o matar a otras bacterias competidoras, y al mismo tiempo desarrollan mecanismos de resistencia contra esos mismos antibióticos, como un antídoto para no morir por la acción de sus propias armas. Por lo tanto, los antibióticos y los mecanismos de resistencia a los antibióticos son las dos caras de la misma moneda, el veneno y el antídoto, que producen los microorganismos de forma natural.

Los antibióticos y la resistencia a los antibióticos llevan millones de años en la naturaleza, no es algo que nos hayamos inventado nosotros en el siglo XX. Los antibióticos y su resistencia es algo innato en muchas bacterias, es cuestión de supervivencia en un ambiente muy competitivo.

Existen varias formas por las que las bacterias se pueden hacer resistentes a los antibióticos. Algunas pueden ser impermeables al antibiótico o capaces de expulsar o bombear el antibiótico hacia al exterior, de forma que este no puede entrar al interior de la bacteria y actuar. Otras bacterias son capaces de inactivar, modificar o destruir el antibiótico. Por ejemplo, algunas bacterias sintetizan unas enzimas denominados β-lactamasas, capaces de romper la estructura química de las penicilinas o de las cefalosporinas. Este fenómeno ya lo vieron Florey y Chain en sus primeros experimentos —las penicilinasas—, pero como dijimos no le dieron mucha importancia. Las bacterias también se puede hacer resistentes modificando o cambiando la diana o el lugar donde actúa el antibiótico. Si, por ejemplo, un antibiótico inhibe la síntesis de las proteínas en el ribosoma, la bacteria puede modificar o cambiar su ribosoma de forma que siga siendo activo y funcional, pero que se haga resistente a ese antibiótico. Por último, como muchos antibióticos bloquean una determinada ruta bioquímica de síntesis de algún compuesto, el microorganismo puede hacerse resistente desarrollando una ruta bioquímica alternativa, de manera que pueda sintetizar ese compuesto por otra vía distinta. Sería como tomar un atajo, que el antibiótico no es capaz de seguir y bloquear. En definitiva, son distintas estrategias o trucos para despistar o evitar la acción del antibiótico.

Además, como ya vimos en el capítulo «Las bacterias viven en comunas, son cotillas y muy promiscuas», pueden intercambiar los genes de resistencia a los antibióticos con enorme facilidad y extender así la resistencia en el mundo microbiano. El tema se complica si tenemos en cuenta que un gen puede conferir resistencia a varios antibióticos a la vez y varios genes de resistencia se pueden transmitir simultáneamente de una bacteria a otra. Cuando se emplea un antibiótico se inhiben o se mueren las bacterias sensibles a él y solo perduran y se multiplican las que son resistentes. En poco tiempo, la población de bacterias cambia y se enriquece de individuos resistentes, con lo que con el tiempo la acción del antibiótico pierde efectividad. Es la teoría de Darwin en tiempo real: selección natural, solo sobreviven los más aptos.

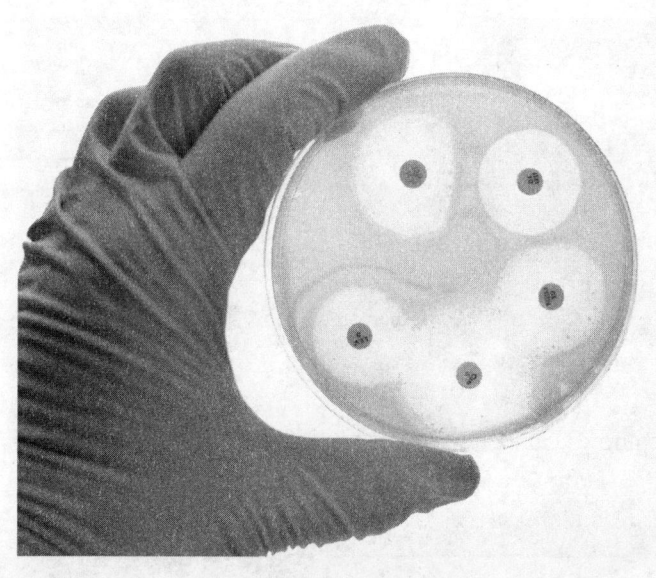

Pruebas de susceptibilidad antimicrobiana en laboratorio.

Para entenderlo mejor, volvamos al ejemplo del flautista de Hamelín. Imaginemos que entre las ratas hay un grupito pequeño de ratas sordas —nuestras bacterias resistentes a los antibióticos—. Al son de la flauta, la mayoría de las ratas seguirán al músico y morirán ahogadas en el río, según la leyenda. Pero aquel grupito de ratas sordas no fueron capaces de oír la flauta, no siguieron al músico y no se ahogaron. Resistieron al embrujo y al poco tiempo se reprodujeron como ratas y volvieron a ser una plaga en el pueblo de Hamelín. Y como eran sordas, el flautista tuvo que cambiar de trabajo.

SUPERBACTERIAS: LA PANDEMIA DEL SIGLO XXI

Entre los años 40 y 80 fue el auténtico *boom* del descubrimiento de los antibióticos: penicilinas, cefalosporinas, aminoglucósidos, tetraciclinas, cloranfenicol, macrólidos y glicopéptidos, quinolonas, fluoroquinolonas y derivados. Ha sido una época en la que se han salvado millones de vidas; incluso algunos llegaron creer que las enfermedades infecciosas se habían vencido de forma definitiva.

Pero nada más lejos de la realidad. El uso indiscriminado de antibióticos ha traído como consecuencia el grave problema de que las bacterias se han hecho resistentes a ellos, como ya predijo el mismo Fleming. Prácticamente poco después de la salida al mercado de un nuevo antibiótico aparecían bacterias resistentes a ese nuevo fármaco.

En abril de 2014, la Organización Mundial de la Salud publicó el primer informe mundial sobre el problema de la resistencia a los antibióticos, que revelaba que ya es una gran amenaza para la salud pública, que puede afectar a cualquier persona de cualquier edad en cualquier país del planeta. El tema no es broma y va muy en serio. En palabras del entonces subdirector general para Seguridad Sanitaria: «En ausencia de medidas urgentes y coordinadas por parte de muchos interesados directos, el mundo está abocado a una era posantibióticos, en la que infecciones comunes y lesiones menores que han sido tratables durante decenios volverán a ser potencialmente mortales. Los antibióticos eficaces han sido uno de los pilares que nos ha permitido vivir más tiempo con más salud y beneficiarnos de la medicina moderna. Si no tomamos medidas importantes para mejorar la prevención de las infecciones y no cambiamos nuestra forma de producir, prescribir y utilizar los antibióticos, el mundo sufrirá una pérdida progresiva de estos bienes de salud pública mundial cuyas repercusiones serán devastadoras». Fin de la cita, como dijo aquel.

El problema ya es global, afecta a todo el mundo, sean ricos o pobres, y es que los microbios no distinguen ni razas ni economías. La resistencia a los antibióticos no tiene fronteras ni ecológicas, ni sectoriales, ni geográficas. Los datos cada vez son más preocupantes, especialmente para los utilizados como último recurso en todas las regiones del mundo. La resistencia está afectando a muchos agentes infecciosos distintos, responsables de infecciones comunes graves, como septicemias, diarreas, neumonías, infecciones urinarias, tuberculosis o gonorrea. Estas auténticas superbacterias son a la vez patógenos y resistentes a los antibióticos. El tratamiento de estas enfermedades cada vez se vuelve más difícil, debido a la pérdida de eficacia de los antibióticos. Además, la resistencia a los antibióticos prolonga las estancias hospitalarias, hace que las enfermedades sean más largas, aumenta el riesgo de tener una infección invasiva, incrementa los costes médicos y aumenta la mortalidad. Muchas prácticas médicas actuales, como los trasplantes, la quimioterapia contra el cáncer o las cirugías mayores serían imposibles sin los antibióticos. Se calcula que en 2013 en el mundo se produjeron 700.000 muertes atribuibles a la resistencia a los antibióticos. Algunos han vaticinado que para el 2050 se esperan 10 millones de muertes, será la principal causa de muerte. No sabemos si esta estimación será cierta, pero lo que parece más probable es que la resistencia a los antibióticos será la nueva pandemia del siglo XXI.

Por otro lado, la investigación de nuevos fármacos con actividad antibacteriana está muy ralentizada en la industria farmacéutica, debido principalmente a la poca rentabilidad de los antibióticos en comparación con otros fármacos usados en terapia de enfermedades crónicas o de infecciones víricas —un tratamiento de tres meses contra el cáncer puede costar en torno a los 20.000 euros, mientras que un tratamiento del antibiótico más innovador apenas llega a los 5000—. Paradójicamente, hoy en día muchos enfermos de cáncer o pacientes sometidos a novedosas técnicas quirúrgicas mueren finalmente por infecciones causadas por bacterias resistentes.

Desde que comenzó el uso generalizado de antibióticos en los años 50, prácticamente todos los patógenos han desarrollado algún tipo de resistencia, y con una rapidez alarmante. Dos ejemplos: en 1950 se comenzó a usar la tetraciclina y ya en 1959 se aisló una bacteria *Shigella* resistente a ese antibiótico; en 1960, la meticilina y dos años después ya se aisló el primer *Staphylococcus* resistente. Algunas bacterias requieren dosis cada vez más elevadas de antibiótico o tratamientos más largos y caros para que sea efectivo. Y otras han desarrollado resistencia a todos los antimicrobianos conocidos.

Veamos ahora algunas de las superbacterias más peligrosas, que cada vez se extienden con más facilidad y que se han hecho resistentes a los antibióticos. Si no ponemos remedio, pronto serán incurables. Algunas se reúnen bajo el acrónimo ESKAPE: *Enterococcus faecalis* (E), *Staphylococcus aureus* (S), *Klebsiella pneumoniae* (K), *Acinetobacter baumanii* (A), *Pseudomonas aeruginosa* (P), y *Enterobacter* (E). Algunas de ellas son patógenos oportunistas, de esos que aprovechan cuando estás bajo de defensas para atacar y causarte una enfermedad. Algunas de ellas, como *Pseudomonas, Acinetobacter* o *Staphylococcus*, son resistentes también a ambientes extremos, son muy versátiles desde el punto de vista nutricional —pueden alimentarse de gran cantidad de nutrientes distintos y además son muy poco exigentes; no son tiquismiquis, comen de todo— y pueden sobrevivir sobre superficies inanimadas durante muchas semanas. Algunas han ido acumulando resistencias y se han hecho resistentes prácticamente a todos los antibióticos disponibles: sulfonamidas, β-lactámicos, cefalosporinas, fluoroquinolonas, macrólidos, tetraciclinas y los denominados antibióticos de tercera o cuarta generación o de último recurso como carbapenems, colistina, vancomicina o meticilina.

El 60 % de la población es portadora de *Staphylococcus aureus*, una bacteria que, como ya sabes, es parte de la microbiota de la piel, pero que puede llegar a ser patógena y causar infecciones crónicas. Tradicionalmente *Staphylococcus* era muy sensible a la penicilina. Pero ya en 1948 se aisló la primera cepa productora de una enzima β-lactamasa, capaz de inactivar a la penicilina. Desde entonces esa resistencia se ha extendido por todo el mundo y hoy más de 85 % de los *Staphylococcus* que se aíslan en los hospitales son resistentes a la penicilina. Desde los años 60 aparecieron además cepas de *Staphylococcus* resistentes a otro antibiótico que era muy efectivo contra esta bacteria, la meticilina. Se calcula que las personas infectadas por estos *Staphylococcus aureus* resistentes a la meticilina —que se abrevian como MRSA— tienen una probabilidad de morir un 64 % mayor que las infectadas por cepas no resistentes. En algunas zonas de África y América hasta un 80 % de las infecciones por *Staphylococcus aureus* son resistentes también a este antibiótico. Además de a la meticilina, estas cepas son resistentes a todas las penicilinas, las cefalosporinas y los carbapenems. Estas resistencias también aumentan el costo de la atención sanitaria, pues alargan las estancias en el hospital y requieren más cuidados intensivos. Para el tratamiento de estas infecciones por *Staphylococcus* MRSA, el arma ha sido otro antibiótico de último recurso, la vancomicina. Pero, como era de esperar, la presión selectiva de este antibiótico ha hecho que desde mediados de los 90 aparecieran también cepas resistentes a la vancomicina, denominadas VRSA —*Staphylococcus aureus* resistentes a la vancomicina—. Estas cepas VRSA —resistentes también a la meticilina y al resto de antibióticos— ya se han aislado en varios países de Asia, EE. UU. y Europa.

Otro caso preocupante es el de *Klebsiella pneumoniae*, resistente a los carbapenems. Los carbapenems son un tipo de antibiótico muy interesante porque, a diferencia de otros antibióticos β-lactámicos como las penicilinas y las cefalosporinas, son de amplio espectro y resistentes a la mayoría de las enzimas β-lactamasas que tienen algunas bacterias para destruirlos y hacerse resistentes. Por eso, los carbapenems se suelen emplear en los casos graves, cuando la infección está causada por una bacteria resistente a otros antibióticos y en infecciones hospitalarias. Sin embargo, en el año 2008 se aisló una cepa de *Klebsiella pneumoniae* de un paciente sueco que se había infectado en un viaje a la India —se trajo como recuerdo de la India la *Klebsiella* resistente—. Esta cepa era portadora de una enzima β-lactamasa nueva particularmente peligrosa, porque es capaz de romper también el anillo de los carbapenems. Las bacterias con esta enzima son, por tanto, resistentes también a los carbapenems. Además, el gen de esta β-lactamasa está en un plásmido acompañado por otros genes que confieren resistencia a otros antibióticos. Como ya hemos visto, los plásmidos se pueden intercambiar entre las bacterias, y este tipo de resistencia se extiende muy fácilmente entre el mundo bacteriano. Esta nueva β-lactamasa se denominó NDM-1 —*New Delhi metallo-β-lactamase*—. A los indios de la India no les ha gustado mucho el nombre, porque parece que el origen está en Nueva Delhi y que la culpa la tuvieron ellos, cuando en realidad no sabemos el origen, solo que el primer caso se detectó en una persona que viajó a la India. Como hemos dicho, este antibiótico era el último recurso terapéutico contra infecciones mortales por *Klebsiella pneumoniae*, pero la resistencia se ha extendido a todas las regiones del mundo. Esta bacteria causa importantes infecciones hospitalarias, como neumonías, infecciones de recién nacidos y de pacientes ingresados en unidades de cuidados intensivos. Esta resistencia hace que en algunos países el antibiótico carbapenem ya no sea eficaz en más de la mitad de las personas con infecciones por *Klebsiella pneumoniae*.

Para complicar más las cosas, como la β-lactamasa NDM-1 está codificada por un plásmido y las bacterias son muy promiscuas, desde hace años se han aislado también cepas resistentes a los carbapenems en *Escherichia coli*, *Pseudomonas aeruginosa* y *Acinetobacter baumannii* en más de 70 países por todo el planeta. Si aparece un brote de algunas de estas bacterias resistentes a los carbapenems, tenemos un problema muy grave.

En mayo de 2016 se describió el aislamiento de una bacteria a partir de una muestra de orina de una mujer de 49 años con síntomas de infección del tracto urinario en Pennsylvania, EE. UU. La paciente no había viajado al extranjero en los últimos cinco meses. La bacteria,

Escherichia coli, resultó ser resistente al antibiótico colistina. La secuenciación del genoma de la bacteria demostró que este *Escherichia coli* era portador de genes de resistencia para 20 antibióticos distintos. Entre los genes de resistencia, además de a la colistina, estaban genes de resistencia a los antibióticos β-lactámicos. Era la primera vez que se aislaba una bacteria portadora del gen de resistencia a la colistina en EE. UU., pero desde noviembre del 2015 ya se habían descrito en China bacterias resistentes a este antibiótico. Poco después se han encontrado en Asia, Europa, África, Suramérica y Canadá, y no solo en la bacteria *Escherichia coli*, sino también en otras enterobacterias — *Salmonella* y *Klebsiella*—, en muestras humanas, animales, en alimentos y en muestras ambientales —en ríos—. Estudios retrospectivos demuestran que la resistencia a la colistina ha estado presente desde al menos los años 80.

La colistina o polimixina E es un viejo antibiótico descubierto en 1947 y empleado desde 1959 para tratar infecciones por bacterias Gram-negativas. En los años 70 se descubrió que la colistina tenía varios efectos secundarios nefrotóxicos y neurotóxicos, por lo que se dejó de usar y se sustituyó por otros antibióticos. La colistina no es uno de los antibióticos más potentes. Lo que ha ocurrido en estos últimos años es que ha ido aumentando el número de casos de infecciones causadas por bacterias multirresistentes a varios antibióticos a la vez. En esta situación es cuando se ha vuelto a emplear este viejo antibiótico que, a pesar de sus efectos secundarios, es efectivo contra estas bacterias multirresistentes. Además, la colistina es un antibiótico muy empleado en medicina veterinaria. En medicina humana se emplea en pacientes infectados con bacterias resistentes a los carbapenems, para las que los tratamientos son muy limitados. Por eso, el uso de la colistina ha aumentado tanto en los últimos años. Ha sido por tanto uno de los últimos recursos contra estas bacterias multirresistentes. Es probable que la resistencia a la colistina haya viajado entre las bacterias desde los alimentos para el ganado hasta el hombre, pasando por los animales. Al ser uno de los últimos recursos que teníamos contra las bacterias multirresistentes, el que se vaya extendiendo la resistencia a la colistina es un problema muy serio, porque nos podemos encontrar con bacterias que no seamos capaces de combatir con ningún antibiótico. La aparición de este primer caso en EE. UU. confirma que la resistencia a los antibióticos se sigue extendiendo por todo el planeta.

Según la Organización Mundial de la Salud en 2015 hubo más de 10 millones de casos de tuberculosis en el mundo, de los cuales 580.000 estaban causados por cepas de *Mycobacterium tuberculosis* resistente a la isoniacida y la rifampicina, los dos antibióticos más potentes que se emplean para tratar la tuberculosis —a estas cepas se les denomina MDR-TB, del inglés *multi drug resistant-tuberculosis*—. Esta bacteria multirresistente ya se ha aislado en 64 países. En estos casos se suelen emplear otros antibióticos como último recurso, como las fluoroquinolonas de segunda generación. Sin embargo, las opciones de tratamiento son limitadas y requieren quimioterapia de larga duración, en algunos casos de hasta dos años. Estos antibióticos de segunda opción además de caros suelen ser más tóxicos. Desgraciadamente, en algunos países como India, China y Rusia, más del 45 % de los casos son también resistentes a este tercer antibiótico, son las cepas ampliamente o ultrarresistentes a los antibióticos —XDR-TB del inglés *extensively drug resistant-tuberculosis*—, lo que deja a muchos pacientes sin otras opciones de tratamiento. Unas 190.000 personas fallecen de tuberculosis cada año porque el tratamiento antibiótico no es efectivo. La tuberculosis resistentes a los antibióticos ya es una epidemia en algunos países.

La gonorrea es una infección de transmisión sexual provocada por la bacteria *Neisseria gonorrhoeae*, más conocido como el gonococo. La gonorrea está entre las infecciones de transmisión sexual más comunes del mundo: es la segunda enfermedad de declaración obligatoria más frecuente en EE. UU., con más de 600.000 casos anuales. Cuando la gonorrea no se trata, puede ocasionar graves problemas de salud. En mujeres, puede causar la enfermedad inflamatoria pélvica y complicarse con lesiones en las trompas de Falopio, producir infertilidad o aumentar el riesgo de un embarazo ectópico. En mujeres embarazadas, puede transmitir la infección al bebé y provocarle ceguera, infección en las articulaciones e incluso la muerte. En hombres, puede provocar epididimitis, una afección dolorosa de los conductos de los testículos que si no se trata puede provocar infertilidad. En algunos casos la gonorrea puede llegar a ser mortal. Además, las personas con gonorrea pueden infectarse más fácilmente con el virus VIH. El tratamiento de la infección es con antibióticos. Sin embargo, *Neisseria gonorrhoeae* siempre ha desarrollado rápidamente resistencia a los antibióticos: en los años 40 aparecieron las primeras cepas resistentes a las sulfonamidas, en los 80 a las penicilinas y tetraciclinas, y el en año 2007 a las fluoroquinolonas. Actualmente, el tratamiento recomendado se limita a las cefalosporinas denominadas de tercera generación. Las cefalosporinas son un grupo de antibióticos del tipo de los -lactámicos, y como las penicilinas actúan sobre la pared celular de las bacterias. Pero en *Neisseria gonorrhoeae* la susceptibilidad a las cefalosporinas se está desarrollando rápidamente. La resistencia a este antibiótico resulta de la combinación de varias mutaciones genéticas, y además estas mutaciones se transfieren de un gonococo a otro con gran facilidad. Se ha confirmado el fracaso del tratamiento de la gonorrea con cefalosporinas de tercera generación en más de 50 países. Se calcula que cada año contraen esta enfermedad más de 78 millones de personas. Ya es hora de que suene la alarma: la amenaza de infecciones de gonorrea sin tratamiento. Los expertos alertan de que, si no se controla la extensión de esta resistencia, pronto no habrá tratamiento contra esta enfermedad.

¿CÓMO HEMOS LLEGADO A ESTA SITUACIÓN?

La resistencia a los antibióticos es debida principalmente a que abusamos de ellos. Los antibióticos son un recurso natural, precioso y finito que debemos conservar. Si no se toman medidas, pronto podemos llegar a una situación similar a la que había antes del descubrimiento de la penicilina. La resistencia a los antibióticos es un fenómeno natural, aunque el uso indebido de estos fármacos en el ser humano y los animales está acelerando el proceso.

Los antibióticos no solo se emplean en medicina, sino también en veterinaria e incluso en agricultura. En los últimos diez años el consumo ha aumentado un 36 % a nivel mundial. En algunos países el aumento es todavía mayor —del 76 % en Brasil, Rusia, India, China y Sudáfrica—. El uso de antibióticos en veterinaria comenzó ya en los años 50 y se han empleado los mismos que para humanos. Se abusa cuando se emplean por ejemplo en bajas dosis como suplemento alimenticio para estimular el crecimiento y el engorde de los animales, estén enfermos o no. Se emplean en alta dosis para prevenirles enfermedades respiratorias y gastrointestinales, principalmente. Cuando queremos tener animales sanos pero los mantenemos en condiciones de hacinamiento es prácticamente imprescindible el empleo de antibióticos para evitar infecciones. Pero también se han utilizado como estimuladores del crecimiento y para evitar plagas en agricultura. Y también en acuicultura: China, por ejemplo produce más del 60 % de los peces de piscifactoría del mundo y el consumo de antibióticos en ese país es masivo —en 2010 China destinó 15.000 toneladas de antibióticos para su uso en ganadería y acuicultura—.

Estructura de una molécula de colistina.

Se calcula que cerca del 80% de la producción mundial de antibióticos se destina a uso agrícola y ganadero. Y España es uno de los países de la Unión Europea que más los consume para veterinaria, sobre todo antibióticos que también se emplean en humanos, como las fluoroquinolonas y la colistina.

Las bacterias resistentes a los antibióticos no solo se aíslan del suelo y de muestras clínicas humanas, sino también de animales de granja —aves, cerdos, vacas—, piscifactorías, piensos para animales, carnes procesadas, alimentos, aguas de ríos y pantanos... Se han aislado incluso de la miel, ya que se emplean para evitar algunas infecciones de las abejas por bacterias como *Bacillus*.

Los animales, por tanto, pueden servir como almacén de esas resistencias. Un grupo de investigadores de EE. UU. condujeron su vehículo con las ventanillas bajadas detrás de unos camiones repletos de pollos de granja y detectaron en el aire dentro de su vehículo enterococos resistentes a los antibióticos, los mismos que habían aislado de los pollos. Se ha documentado también que algunos vectores, como las moscas, pueden servir de transmisores no solo de enfermedades infecciosas, sino también de bacterias resistentes a los antibióticos. Las moscas se pueden mover entre las heces y las carcasas de los animales y los alimentos para consumo humano. De hecho, en un estudio realizado en una granja de pollos se han aislado las mismas bacterias resistentes a los antibióticos en las moscas, en el estiércol o en las aguas de la granja. Las moscas, por tanto, bien podrían actuar como vectores de transmisión entre las aves de corral y el ser humano. Aunque es muy difícil seguir el rastro de una bacteria concreta desde el animal de granja hasta las personas, se ha demostrado que los ganaderos y sus familias comparten con el ganado que cuidan bacterias con los mismos genes de resistencia a los antibióticos. Su uso generalizado facilita la propagación de los plásmidos de resistencia, los cuales confieren una ventaja selectiva para las bacterias que los llevan, que con el tiempo van siendo más numerosas. Un ejemplo, en el Reino Unido la proporción de aislamientos de *Escherichia coli* resistentes a la tetraciclina en aves de corral pasó del 3 % al 63 % en solo cuatro años. Por tanto, los antibióticos que damos a los pollos, a las vacas y a los cerdos favorecen la proliferación de bacterias resistentes. El contacto con esos animales o con los alimentos o productos derivados pueden transmitir esas resistencias a las personas. Además, la resistencia a los antibióticos puede pasar desde los desperdicios y los restos de las granjas al suelo, a las aguas y a las frutas y a las verduras, y de nuevo a las personas. La resistencia a los antibióticos circula, por tanto, en el ambiente, los alimentos, los animales y nosotros mismos.

Por ejemplo, una posible vía de entrada de la resistencia de los antibióticos en la cadena alimentaria es a través del suelo abonado con estiércol de animales tratados con antibióticos, que actúan como reservorio o almacén de esa resistencia. En varias ocasiones se ha demostrado la dispersión en el suelo de bacterias resistentes a partir del estiércol de cerdos o vacas a los que se les había tratado con antibióticos. Pero además se ha demostrado que incluso el estiércol de animales no tratados con antibióticos puede aumentar la proliferación de bacterias del suelo resistentes a los antibióticos. En un estudio publicado en 2014, los investigadores compararon la población total de bacterias del suelo resistentes a los antibióticos -lactámicos en suelos abonados con estiércol de vacas —que no había sido tratadas con antibióticos—, comparados con suelos abonados con fertilizantes inorgánicos —una mezcla de nitrógeno, sodio y potasio—. A diferencia del abono inorgánico, los suelos abonados con estiércol no solo incrementaron el número total de bacterias por gramo de suelo, sino que también aumentó el número de bacterias resistentes a los antibióticos. Las bacterias resistentes a los antibióticos pueden ser parte de la microbiota intestinal de los animales, aunque estos no hayan tomado antibióticos. Además, el estiércol indujo el crecimiento de las bacterias resistentes que ya estaban en el suelo, principalmente del grupo de las *Pseudomonas*. En realidad el suelo es un reservorio de bacterias resistentes a los antibióticos, y el estiércol favorece su proliferación. No sabemos qué componente concreto de estiércol es responsable de este efecto, pero el estiércol puede afectar a la composición y a las propiedades funcionales de las comunidades microbianas del suelo. Hay que recordar que algunas *Pseudomonas* puede ser patógenos oportunistas en humanos y que no podemos descartar que esas resistencias puedan pasar a otros patógenos humanos. Por tanto, la ecológica práctica de no usar fertilizantes inorgánicos y emplear el estiércol natural de las vacas para abonar las verduras o los pepinos puede llegar a ser muy peligrosa —aunque a las vacas tampoco les demos antibióticos—.

Recuerda aquella historia del *Escherichia coli* asesino que al final no estaba en el pepino. Durante los meses de mayo y junio de 2011 ocurrió, principalmente en Alemania, un brote infeccioso mortal cuyo responsable fue la bacteria *Escherichia coli*. En concreto la cepa O104:H4 causó más de 1000 casos y cerca de 50 muertes del síndrome urémico hemolítico —una enfermedad que se caracteriza por insuficiencia renal, destrucción de glóbulos rojos, trombocitopenia y defectos de la coagulación—, además de diarreas con sangre. En un principio las autoridades alemanas echaron la culpa a los pepinos españoles, lo que causó una crisis millonaria en el sector de la horticultura española. Sin embargo, todos los estudios epidemiológicos posteriores apuntan a que la causa fueron unos brotes de soja de agricultura ecológica probablemente abonados con estiércol. Así que mucho ojo con la agricultura ecológica, que muchas veces no es tan sana como pretenden algunos.

Pero la culpa de la extensión de las resistencias no solo es del uso masivo de antibióticos en los animales; además, el uso inapropiado en medicina también es la causa de la extensión de estas resistencias. Nosotros mismos empleamos mal los antibióticos cuando los usamos para tratar una infección viral —recuerda, los antibióticos no matan los virus, son solo para infecciones bacterianas—, cuando las dosis recomendadas o la duración del tratamiento no son las adecuadas, cuando dejamos de tomar la medicación antes de tiempo, al empezar a sentirnos mejor, o cuando tomamos antibióticos viejos y caducados que guardamos en casa. Muchos fármacos pierden su potencia con el paso del tiempo. Por eso, si tomamos un antibiótico caducado puede que su actividad sea menor y que estemos tomando menos dosis de la necesaria, y eso promueve que las bacterias se hagan resistentes.

LAS BACTERIAS TAMBIÉN VIAJAN CONTIGO

La globalización, el turismo y los viajes internacionales también influyen en la extensión mundial de las bacterias resistentes a los antibióticos. Hace cien años dar la vuelta al mundo te podía costar más de 365 días, hoy lo puedes hacer en poco menos de 36 horas. Se calcula que cada año puede haber más de 940 millones de personas que viajan como turistas; además, otros muchos millones se mueven de continente a continente como inmigrantes, refugiados o trabajadores. Este movimiento masivo de personas supone una excelente oportunidad para que las bacterias resistentes a los antibióticos también viajen de un lugar a otro y se extiendan por todo el planeta.

Somos muchos, vivimos muy juntos, nos movemos mucho, hacemos un uso masivo de antibióticos y en muchos países la sanidad pública deja mucho que desear: es el cóctel perfecto, la tormenta perfecta para que se extiendan las resistencias. En la India, por ejemplo, donde viven más de 1300 millones de personas, solo el 47 % de la casas tienen letrina. Y en la China rural el tanto por ciento puede ser similar.

Durante los últimos diez años se vienen describiendo cada vez más casos de personas que se infectan con una bacteria resistente a los antibióticos durante un viaje o una estancia en el extranjero, y luego esa bacteria se extiende por su país de origen. Las infecciones por estas bacterias suelen ser más frecuentes en países en vías de desarrollo, debido a que existe un menor control en su uso y a que existen grandes poblaciones con peores condiciones sanitarias y de higiene.

Hoy en día, hay técnicas moleculares que te permiten hacer investigación epidemiológica y seguir la pista a una cepa bacteriana concreta. Ya hemos hablado antes del caso del sueco que se trajo de la India una cepa de *Klebsiella pneumoniae* resistente a los carbapenems. Pero hay muchos más ejemplos. En 2008 se aisló una cepa de *Salmonella* productora de un nuevo tipo de -lactamasa en un paciente alemán tras volver de una viaje a Filipinas. Y lo mismo en un paciente danés, que se trajo consigo una nueva cepa de *Salmonella* resistente después de un viaje a Tailandia. También hay varios estudios que demuestran que algunos viajes a la India, a Oriente Medio y a África estaban asociados con infecciones con cepas de *Escherichia coli* productoras de nuevas -lactamasas en turistas. Un estudio en Suecia demostró que el 36 % de la personas que había viajado fuera de Europa y presentaban diarrea al volver tenían *Escherichia coli* productor de nuevas -lactamasas en sus heces, comparado con el 3 % de los que habían viajado dentro de Europa. Otro estudio en Canadá demostró que el 24 % de los pacientes que tenían este *Escherichia coli* resistente eran turistas que acababan de volver de viaje. Y lo mismo en un estudio similar en Australia, que demuestra que la probabilidad de que *Escherichia coli* resistente a los antibióticos esté presente en heces aumenta de un 8 % a un 49 % cuando el paciente vuelve de un viaje por Asia. Todos estos estudios, realizados en tres continentes distintos, lo que demuestran es que cogerte una de estas bacterias resistentes a los antibióticos durante un viaje al extranjero es muy fácil. La India y Pakistán son otro origen frecuente de las bacterias multirresistentes. Se han descrito casos de pacientes en Norteamérica, Europa y Australia con bacterias resistentes que previamente habían sido hospitalizados en India o Pakistán. Algunos eran turistas que habían sido hospitalizados por una emergencia médica, pero otros habían viajado para hacer turismo sanitario —operaciones cosméticas, cirugía plástica o diálisis renal—, atraídos por el bajo coste del tratamiento o para evitar las largas listas de espera en sus países de origen. Es lo que tiene la globalización. Cuando viajes al extranjero, es muy recomendable beber siempre agua embotellada —ojo, también los hielos deben ser de agua embotellada—, no comer en puestos callejeros y lavarte frecuentemente las manos. Y si has estado hospitalizado en el extranjero... que lo sepa tu médico cuando vuelvas a casa.

NO SOLO FALSIFICAN ROLEX Y LACOSTE

Hoy en día tenemos antimicrobianos y vacunas para luchar contra los microbios patógenos, pero muchas veces nosotros mismos somos más peligrosos que los microbios. Nuestra capacidad de timo y de falsificación llega incluso hasta los medicamentos: ¡fabricamos antibióticos falsos!

Esto también contribuye a que se extiendan las resistencias. Hace unos años se publicó un estudio en el que se comparaba la calidad de los medicamentos en varios países según dónde se habían fabricado. Se estudiaron 2652 muestras de medicamentos adquiridos en diecinueve ciudades distintas de diecisiete países en vías de desarrollo. Los medicamentos eran varios antibióticos y otros antimicrobianos contra la malaria y la tuberculosis. Los resultados muestran que más del 31 % de los medicamentos adquiridos en África no pasaban los estándares de calidad de los organismos internacionales. ¿Te imaginas dónde se habían fabricado la mayoría de esos medicamentos? ¡Efectivamente! Cerca del 18 % de los medicamentos que provenían de China no pasaron los test de calidad. Los medicamentos adquiridos en África son los de peor calidad y los fabricados en China fallan siete veces más que los fabricados en India, por ejemplo. Con este estudio se confirma que la calidad de los antibióticos depende de dónde se hayan fabricado y de que existe todo un comercio de medicamentos fraudulentos. El 1995 se realizó una campaña masiva de vacunación contra la meningitis en África. Se vacunaron más de 60.000 personas y posteriormente se comprobó que la vacuna era falsa. En el año 2004, se detectó en el Congo la venta de antirretrovirales contra el virus VIH falsos. Se calcula que hasta el 15 % de los medicamentos que se venden en el mundo pueden ser falsos. En Asia y África esta cifra puede llegar al 50 %. Y lo mismo pasa con los medicamentos que se compran en internet, más del 50 % son falsos. Se fabrican en laboratorios clandestinos donde las condiciones higiénicas y de salud son mínimas. Algunos son laboratorios en los que también sintetizan drogas como cocaína. Muchos medicamentos falsos no solo no tienen el principio activo —la sustancia a la cual se debe el efecto farmacológico del medicamento—, sino que incluso pueden estar contaminados con otras sustancias químicas, otros medicamentos, como drogas, tóxicos, polen, huevos de parásitos, trazas de metales o microbios. Su uso, además de no curar, puede producir intoxicaciones, otras enfermedades, alergias, y favorecer la aparición y la extensión de resistencias.

Un caso concreto se publicó en la revista *Lancet*,

por un grupo de colegas de la Clínica Universidad de Navarra. En octubre de 2011 llegó a la consulta una mujer de 28 años con síntomas claros de malaria que había viajado a un país africano —la malaria es una enfermedad infecciosa causada por un protozoo parásito no por una bacteria—. Ya había padecido malaria en tres ocasiones anteriores. Esta vez compró la medicación —artemisina— en África, pero como se encontraba muy mal no la compró ella en persona, sino que envió a uno de sus colaboradores africanos. Normalmente con tomar esta medicación durante tres días es suficiente para controlar la infección. Sin embargo, los síntomas no remitieron. A su vuelta a España decidió ir a la clínica. Mientras se recibía la medicación —que en España debe suministrar el Ministerio de Sanidad—, los médicos decidieron tratarle con la medicina que ella misma había comprado en África. Sin embargo, seguía sin mejorar y acabó en la unidad de cuidados intensivos. Cuando por fin pudieron suministrarle la nueva medicación adquirida en España mejoró inmediatamente. Esto hizo sospechar a los médicos, que decidieron enviar el medicamento africano a la Escuela de Medicina Tropical de Londres para analizar sus componentes. Los resultados demostraron que dicho medicamento no tenía ningún principio activo, lo que le habían vendido en África era un fraude, un medicamento falso: ¡eran pastillas de lactosa! Según los autores, todo hace pensar que en África hay un tráfico diferencial: a un occidental no le venden el falsificado para no meterse en problemas, pero no ocurre lo mismo con los nativos. Aunque este ejemplo concreto es sobre un antimalárico, no sobre un antibiótico, estos hechos ponen de manifiesto el drama de la falsificación de medicamentos, que seguramente mata a miles de personas en los países en vías de desarrollo. Además, los fármacos de mala calidad no solo no curan, sino que favorecen la aparición de resistencias, lo que a la larga causa que los medicamentos buenos pierdan efectividad.

La falsificación de medicamentos y de antibióticos es un problema subestimado. Las recomendaciones son claras: nunca compres medicamentos por internet, si viajas a un país en vías de desarrollo lleva la medicación de tu país de origen, si tienes que adquirir un antibiótico en un país en vías de desarrollo hazlo si puedes en un lugar oficial.

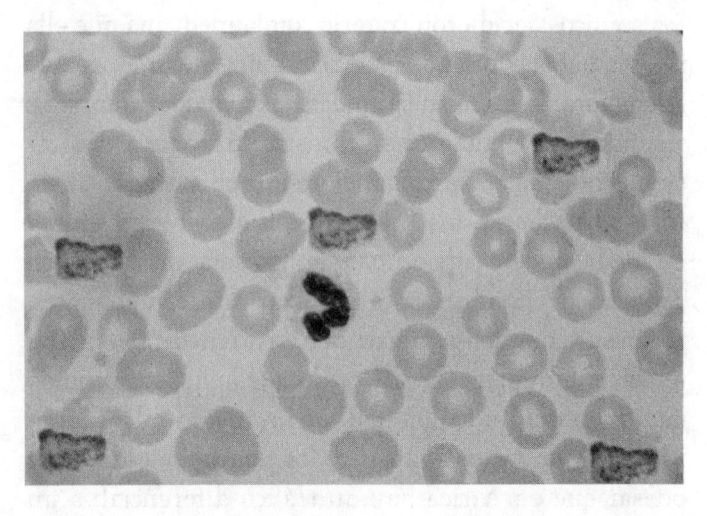

Sangre parasitada por *Plasmodium falciparum* protozoo parásito causante de la malaria.

LOS HOSPITALES: UN INMENSO PLANETA DE MICROBIOS

¿Por qué son tan frecuentes las infecciones hospitalarias por bacterias resistentes a los antibióticos? Según datos del Centro Europeo para el Control y la Prevención de Enfermedades —ECDC—, cada año más de cuatro millones de pacientes pillan una en la Unión Europea. El número de muertos que ocurren como consecuencia directa de este problema se estiman en unos 37.000, pero además estas infecciones pueden contribuir con otras 110.000 muertes más cada año.

En España, seis de cada 100 enfermos que ingresan en un centro hospitalario salen con una infección que no tenían cuando entraron. La mayoría son infecciones urinarias o respiratorias, pero también pueden sobrevenirles después de una operación, como infecciones sanguíneas o incluso diarreas severas. La mayoría están causadas por bacterias resistentes a los antibióticos. Se calcula que entre el 20 y el 30% de estas infecciones puede prevenirse mediante programas de control y de higiene intensiva.

Se podría pensar que la razón es una mala práctica médica, una actitud negligente de los profesionales biosanitarios o incluso que exista suciedad en el hospital. No podemos descartar esas razones y todo centro hospitalario deber tener unas estrictas medidas de higiene y limpieza y una política concreta de uso de antibióticos.

A pesar de la idea que tenemos de que un hospital es un lugar aséptico, la cantidad de microbios que puede albergar es impresionante. Por ejemplo, un grupo de investigadores han estudiado cómo los microorganismos colonizan y se mueven por el ambiente de un hospital. Han analizado la diversidad bacteriana asociada a pacientes, a personal sanitario y a superficies en un hospital de nueva construcción de la Universidad de Chicago. La toma de muestras comenzó dos meses antes de que se inaugurara el hospital y continuó durante todo un año. Se tomaron un total de 6523 muestras de diez habitaciones y dos controles de enfermería en dos plantas del hospital. Una de las habitaciones se muestreó diariamente, mientras que en los otros lugares la toma fue semanal. Todos las habitaciones se limpiaban de forma exhaustiva diariamente con lejía. Se tomaron muestras de 24 sitios distintos: varias partes de la piel de los pacientes y del personal sanitario —nariz, axila, manos—, y de la superficie de las manillas de las puertas, de los teléfonos móviles, de los grifos, de los bordes de las camas, de los buscapersonas de los médicos, de los guantes, de los mostradores del control de las enfermeras, de los reposabrazos de las sillas, de los ratones de los ordenadores, de los suelos, de los filtros de aire, de los zapatos del personal, de los dobladillos de la camisa, etc. Como ves —casi— nada quedó fuera del alcance de los microbiólogos.

Los resultados fueron muy curiosos..., pero bastante lógicos. Por ejemplo, comprobaron que las bacterias dominantes cambiaron nada más inaugurar el hospital. Mientras que antes de abrir el centro las bacterias dominantes en el suelo y las superficies eran *Acinetobacter* y *Pseudomonas*, tan pronto como se abrió el hospital aumentó la abundancia relativa de bacterias asociadas a la piel humana, como *Corynebacterium*, *Staphylococcus* y *Streptococcus*. Comprobaron que, al ingresar, el paciente adquiere un aluvión de bacterias presentes en el suelo y en las paredes de la habitación, pero con el tiempo es la microbiota del paciente la que predomina en la habitación: se invierte el proceso y son las bacterias del paciente las que colonizan la habitación. El ambiente de la habitación también influye y una temperatura más alta y mayor iluminación se asocian con una mayor diferencia entre las bacterias del paciente y su habitación. Por el contrario, una humedad relativa más alta contribuye a que las microbiotas del paciente y de la superficie de la habitación se asemejen más. La composición de bacterias de la piel del paciente y de las superficies de su habitación eran más parecidas conforme el tiempo de ingreso era mayor. La menor diversidad bacteriana se encontró en las muestras de piel de pacientes y de enfermeras, mientras que las muestras que interaccionan con el exterior como los zapatos, los suelos y el aire fueron las más diversas. A diferencia de lo que ocurre con las muestras de los pacientes, las bacterias de las manos del personal sanitario fue similar a las de las superficies, muy probablemente porque ellos se mueven por todo el hospital, mientras que el paciente suele estar quieto en su habitación. La mayor diversidad microbiana se encontró en los zapatos, en el suelo, en el aire y en los ratones de los ordenadores. Las bacterias de las manos de los pacientes se parecían más a las obtenidas en el borde de su cama, mientras que las del personal sanitario eran parecidas a la de sus teléfonos móviles y sus buscapersonas. Curiosamente, la microbiota de la piel del personal sanitario se parece más entre sí en los meses de verano y principio de otoño que en invierno. Quizá en invierno, como hace más frío, vamos más tapados, nos rozamos menos e intercambiamos menos bacterias. En este estudio también han analizado la frecuencia de genes de resistencia a los antibióticos entre las bacterias. En general, han descubierto mayor cantidad de este tipo de genes en las bacterias de las superficies y menor en las de la piel de los pacientes, con la excepción de los genes de resistencia al antibiótico tetraciclina, que eran más abundante en las bacterias de la piel. De los 252 pacientes que participaron en este estudio, veinte adquirieron una infección hospitalaria, pero no necesariamente por bacterias del propio hospital, sino de bacterias que ya llevaban en su interior antes del ingreso.

Como vemos, un hospital es un inmenso universo de bacterias y también tiene su microbiota. Además, hay que tener en cuenta que un hospital es uno de los entornos más propicios para que ocurran infecciones por bacterias resistentes a los antibióticos, que pueden llegar a ser mortales. Para entenderlo tienes que tener en cuenta varios hechos. Lo primero, que la práctica médica es agresiva: colocar un catéter, introducir una sonda, un respirador, intubar a un enfermo o abrirle las tripas en una operación suponen una grave agresión y una ruptura de la primera barrera que tenemos contra la infección, la piel. La piel es una barrera muy efectiva para evitar la entrada de patógenos y al pincharnos o entubarnos permitimos la entrada de microbios y potenciales patógenos. Además, los enfermos tienen las defensas disminuidas. En un hospital hay enfermos y en general los enfermos suelen tener las defensas comprometidas. Otra infección o enfermedad o el mismo tratamiento suele llevar consigo una disminución de nuestro sistema inmune. Además, muchos de los pacientes son niños o personas ya mayores, con problemas inmunitarios. También debes tener en cuenta que en un hospital se utilizan muchos antibióticos y eso favorece la proliferación de las bacterias resistentes a los antibióticos que puede haber en el entorno. Por eso, los hospitales suelen tener su propia política de administración de antibióticos, para disminuir la aparición de resistencias. Y, como acabamos de ver, las bacterias están en todas partes. El personal sanitario es una fuente muy importante de las bacterias que nos encontramos en la piel de los pacientes. Además, el propio paciente es portador de bacterias, pero también el personal médico, las enfermeras, los celadores, el personal de limpieza, las visitas, las personas con las que compartes la habitación, etc. En cualquier parte hay bacterias, algunas muy resistentes en el ambiente.

Por todo ello, podríamos decir que es casi imposible evitar estos casos de muertes hospitalarias por infecciones accidentales por bacterias resistentes a los antibióticos. Fíjate que, como hemos dicho más arriba, se estima que solo entre el 20-30 % de estas infecciones podrían prevenirse mediante programas de control y de higiene intensiva. Pero lo que sí podemos hacer es minimizar el problema. Y eso también está en tus manos, nunca mejor dicho. Te habrás fijado que en las puertas de las habitaciones de los hospitales suele haber unos botes con un gel para las manos. Se trata de una solución alcohólica bactericida, que mata las bacterias y reduce la carga bacteriana de tus manos. Es muy recomendable —debería ser obligatorio— que antes de entrar en la habitación de una persona hospitalizada te laves bien las manos con esa solución, porque de esa forma podemos minimizar la proliferación de bacterias potencialmente peligrosas. Un acto tan sencillo puede salvar una vida.

NUEVOS ANTIBIÓTICOS

Prácticamente, desde mediados de los años 80 no se han descubierto nuevos antibióticos, lo que ha habido son nuevas versiones de antibióticos por modificaciones químicas de los ya existentes, que se denominan de segunda, de tercera e incluso de cuarta generación. Son necesarios muchos años de trabajo e investigación para obtener un nuevo antibiótico. Hay que asegurarse de que sea efectivo y de que no tenga efectos tóxicos secundarios. Hay que invertir muchos recursos hasta que se pueda lanzar un nuevo antibiótico al mercado. Y encima las bacterias se hacen resistentes, por lo que su efectividad puede durar poco tiempo.

Hace décadas fue un gran negocio, pero ya no es rentable producir antibióticos. Sin embargo, los investigadores continúan buscando nuevas terapias. Una forma que sigue siendo eficaz para obtener nuevos antibióticos es cambiar la estructura de los antibióticos naturales mediante reacciones químicas: son lo que se denominan antibióticos semisintéticos, porque están formados por una parte natural y otra sintetizada químicamente en el laboratorio. Uno de los últimos éxitos son las espectinamidas, una nueva clase de agentes semisintéticos contra la tuberculosis. Las espectinamidas son antibióticos diseñados y generados en el laboratorio por síntesis química a partir de la espectinomicina, un antibiótico clásico descubierto el 1962, producido por *Streptomyces spectabilis*, y que interfiere con el ribosoma bacteriano bloqueando la síntesis de proteínas.

Ahora los investigadores han sintetizado moléculas parecidas a la espectinomicina cambiando su estructura química y las han llamado espectinamidas. Han comprobado que estos nuevos antibióticos semisintéticos son muy efectivos contra *Mycobacterium tuberculosis*, incluso contra esas cepas multi y extrarresistentes a los antibióticos —MDR-TB y XDR-TB—, de las que hemos hablando antes. Las modificaciones químicas de las espectinamidas les permiten seguir interfiriendo con el ribosoma bacteriano bloqueando la síntesis de proteínas del *Mycobacterium*. Pero además, bloquean un sistema de bombeo del antibiótico al exterior, responsable de la aparición de resistencias a los antibióticos. Los estudios *in vivo* con animales de experimentación demuestran además que las espectinamidas no son tóxicas, no afectan a la síntesis de proteínas de nuestras células, y son capaces de reducir la cantidad de micobacterias en el pulmón de animales infectados. Este trabajo demuestra que las modificaciones químicas de antibióticos clásicos puede ser una excelente manera de obtener nuevos candidatos a fármacos antimicrobianos.

El descubrimiento de un nuevo agente antibiótico

también puede comenzar con el cultivo en el laboratorio de bacterias de ambientes naturales ricos en biodiversidad. Una vez obtenido el cultivo puro de la bacteria, se analizan las propiedades del nuevo compuesto. Para esto, muchas veces los investigadores han buscado bacterias en ecosistemas remotos o extremos, en los fondos marinos, en los suelos de las selvas tropicales, en el interior de animales exóticos o en cuevas subterráneas, lugares donde se pensaba que podría haber mayor diversidad microbiana. Incluso ya vimos cómo las bacterias de tu microbiota pueden ser capaces de producir antibióticos: los estafilococos de la nariz que producen lugdunina o la lactocilina de los lactobacilos aislados de la vagina. Sin embargo, en algunos casos los resultados obtenidos han sido los mismos que empleando bacterias aisladas de ecosistemas más cercanos y menos complejos. Por ejemplo, las macrolactinas son un tipo de sustancias antivirales aisladas originalmente de microorganismos de los fondos marinos, pero que más tarde se encontraron en una especie común del género *Bacillus*, que se encuentra en cualquier suelo cerca de tu casa.

Por esto, un grupo de científicos neoyorquinos se preguntaron si los suelos de los parques de la ciudad de Nueva York podrían ser una buena fuente de nuevos y diversos productos naturales bacterianos con actividad biológica importante. Para ello, tomaron 275 muestras de suelos de diferentes parques de la ciudad, extrajeron el ADN total y, por técnicas de secuenciación masiva, buscaron genes bacterianos relacionados con la biosíntesis de antibióticos, antifúngicos y sustancias antitumorales;

además, para comparar resultados, emplearon también 96 muestras de suelos no urbanos. No emplearon las técnicas clásicas del cultivo bacteriano porque, como ya hemos dicho otras veces, en la naturaleza existen muchos microorganismos no cultivables y que solo podemos detectar, de momento, por técnicas moleculares.

Los resultados sugieren que los suelos y los jardines de los parques son una fuente muy rica de biodiversidad y distinta de la de los suelos no urbanos. Por ejemplo, los investigadores mapearon los genes de once productos naturales de uso clínico, entre los que se encontraban agentes antitumorales, antibacterianos, inmunosupresores, antifúngicos y antiparasitarios, que habían sido originalmente descubiertos en bacterias cultivadas de ambientes naturales de distintas partes del planeta. Los resultados demostraron que bacterias con esos genes estaban presentes también en muestras del suelo de un parque de Brooklyn. Esto sugiere que los suelos de una ciudad son un gran reservorio de bacterias productoras de nuevos agentes terapéuticos. Por tanto, los parques y los jardines urbanos pueden ser un buen lugar para buscar nuevos antibióticos. Es muy probable que los microbios del suelo de una sola ciudad proporcionen la misma información que muestras de suelos de ambientes muy diferentes y alejados. Puede ser más productivo, por tanto, dedicarnos a estudiar en profundidad una muestra de un ambiente concreto en vez de analizar muchas muestras diferentes de un gran número de ambientes distintos. Conclusión: no hace falta bajar a las profundidades marinas, igual en el jardín de tu casa está ese nuevo antibiótico contra las superbacterias.

Pero una cosa es detectar genes y otra aislar el microorganismo. Para obtener un nuevo antibiótico es necesario aislar, cultivar y crecer el microorganismo productor en el laboratorio, y uno de los problemas que ya hemos visto es que la inmensa mayoría de los microbios no los podemos cultivar en el laboratorio —¿recuerdas cuando te conté eso de la materia oscura, en el apartado «¿Quiénes son nuestros microbios»?—. Si son microorganismos no cultivables, ¿cómo podemos obtener los antibióticos?

En 2015 un grupo de investigadores desarrollaron un original sistema para favorecer y estimular el crecimiento de las bacterias del suelo y poder así comprobar si producían nuevos fármacos. Se inventaron una pequeña cápsula o chip de plástico repleto de diminutas celdillas con capacidad para unos pocos microlitros de muestra. Tomaron un gramo de suelo de un campo de hierba de Maine en EE. UU. y lo diluyeron hasta que hubiera una sola bacteria en cada una de esas celdillas. Incubaron la cápsula cerrada por unas membranas semipermeables en el mismo suelo del que obtuvieron las muestras. Así, el sistema permite la entrada de los mismos nutrientes y de los factores de crecimiento que necesita la bacteria que se encuentra aislada en su celdilla, pero en el mismo ecosistema original del suelo. Si mediante el sistema convencional de placas de Petri con medio de cultivo somos capaces de recuperar aproximadamente el 1 % de las bacterias del suelo, con este nuevo sistema los investigadores fueron capaces de obtener y cultivar hasta un 50 % más, unas 10.000 bacterias.

Una de ellas, que denominaron *Eleftheria terrae*, producía un nuevo antibiótico, la teixobactina, el primer antibiótico aislado de una bacteria del suelo desde los años 80. Además, lo peculiar de este nuevo antibiótico es cómo actúa sobre las bacterias. Parece ser que, como las penicilinas y cefalosporinas, inhibe la síntesis de la pared celular de las bacterias, pero lo hace de forma distinta. La teixobactina interfiere con un lípido que regula la síntesis de la pared celular. Este mecanismo de acción dificulta que aparezcan sistemas de resistencia a este antibiótico, por lo que, de momento, no hay bacterias resistentes a la teixobactina. Además, este nuevo antibiótico es efectivo contra importantes patógenos como *Mycobacterium tuberculosis* y *Clostridium difficile* e incluso los *Staphylococcus aureus* resistentes a la meticilina, y de momento no han obtenido mutantes resistentes a este antibiótico. Por esto, a la teixobactina algunos le han llamado el superantibiótico. Lo bueno de esta tecnología es que permite descubrir nuevos antibióticos de las bacterias que hasta ahora permanecían escondidas en el suelo porque no sabíamos cómo cultivarlas en el laboratorio.

EL DECÁLOGO CONTRA LA RESISTENCIA A LOS ANTIBIÓTICOS

Todos estos ejemplos ilustran que encontrar nuevos antibióticos es difícil pero no imposible. Es necesaria más investigación y sobre todo un trabajo conjunto entre distintas disciplinas y profesionales. El problema de la resistencia a los antibióticos nos enseña que para el control de las enfermedades infecciosas tenemos que considerar a la población humana como una unidad. Los problemas y los retos de salud son globales. La globalización está muy bien, pero el precio que tenemos que pagar para mantener nuestra salud es una vigilancia constante. Las bacterias resistentes a los antibióticos se aíslan de las personas, de los animales, de los alimentos y del medio ambiente.

Para abordar este problema es necesaria una visión en conjunto de medicina humana, veterinaria y medio ambiente. El concepto «una sola salud» —*one health*— fue introducido a comienzos de la década del año 2000, y viene a resumir la idea de que la salud humana y la sanidad animal son interdependientes y están vinculadas a los ecosistemas en los cuales coexisten. Por eso, es imprescindible que los profesionales de la medicina humana, los veterinarios y los expertos en temas ambientales colaboren y trabajen juntos para buscar soluciones a la nueva pandemia del siglo XXI. Dedicar dinero a la investigación no es un gasto, es una inversión. Se necesitan más medios para investigar y desarrollar nuevos antibióticos, nuevas terapias y nuevas vacunas, y desarrollar herramientas de detección rápida de bacterias resistentes, así como mejorar los sistemas de diagnóstico preciso.

Después de todo lo que te he contado, ¿qué necesitamos para solucionar el problema de la resistencia a los antibióticos?

Habría que eliminar en todo el mundo el uso de antibióticos para el engorde de los animales, solo se deberían emplear si son prescritos por el veterinario, si está justificado por motivos de salud, y nunca se deberían emplear los antibióticos de último recurso que se emplean en humanos. En general, se debería disminuir el uso de antibióticos en ganadería y promover medidas preventivas como las vacunas. Por ejemplo, en los últimos años se han desarrollado nuevas vacunas en acuicultura para prevenir infecciones en los peces, lo que ha favorecido que se empleen menos antibióticos en este sector. Esto mismo podría implementarse en el ganado. También se deberían mejorar las condiciones de higiene y acondicionamiento de los animales. Si los animales crecen en condiciones de hacinamiento y rodeados de sus excrementos, es normal que haya infecciones respiratorias y gastrointestinales, y que sea necesario el uso de antibióticos. Por otra parte, es necesario mejorar los sistemas de vigilancia del uso de antibióticos no solo en ganadería, sino también en humanos, y habría que monitorizar la presencia de bacterias resistentes en salud pública, en alimentación y en veterinaria.

Otra área importante es la educación, no solo de los pacientes y enfermos, sino también del personal sanitario. A veces se ignora que los pacientes pueden responder de forma diferente al mismo antibiótico. El médico debería hacer un diagnóstico preciso de la enfermedad, asegurarse de que se trata de una infección bacteriana, conocer la sensibilidad a los antibióticos de la bacteria y prescribir el tipo de antibiótico, la dosis y la duración adecuadas para cada caso, además de hacer un seguimiento posterior del paciente para saber cómo responde al tratamiento. La administración de antibióticos debería ser un traje a medida para cada paciente. Esto ya se empieza a hacer en los hospitales, cuando el paciente está ingresado, pero el 85 % de los antibióticos se prescriben en atención primaria de forma preventiva, sin seguir estas pautas, y se prescriben demasiados antibióticos. España es unos de los países europeos donde más antibióticos se consumen. Los pacientes se enfrentan a un riesgo innecesario de resistencia a los antibióticos cuando los tratamientos son más largos de lo estrictamente necesario. Para las infecciones bacterianas más frecuentes no hay evidencia clínica de cuál debe ser la duración mínima para que el tratamiento sea efectivo y alargar innecesariamente los tratamientos supone un abuso y puede favorecer la aparición de resistencias. Se necesitan más ensayos clínicos para determinar la estrategia más efectiva para optimizar la duración de los tratamientos con antibióticos.

Nosotros mismos, los pacientes, también tenemos gran parte de culpa de que se extienda la resistencia a los antibióticos. Terminamos aquí con diez consejos para evitar la pandemia del siglo XXI:

1. No te automediques. Los antibióticos siempre deben obtenerse con receta, tras una consulta médica, no por decisión propia.
2. Sigue las instrucciones del médico. Respeta y cumple las pautas que te haya indicado: las dosis, los horarios y la duración del tratamiento.
3. Toma exactamente los antibióticos que te ha prescrito el médico. Los síntomas pueden desaparecer pronto, pero eso no quiere decir que la infección esté curada. Dejar de tomarlos antes de tiempo cuando comenzamos a sentirnos mejor puede hacer que la infección reaparezca. ¿Recuerdas lo que le pasó Florey y Chain? Trataron a un policía infectado. El paciente mejoró pero se les acabó la penicilina y el problema reapareció.
4. No presiones a tu médico para que te recete antibióticos ni a tu farmacéutico para que te los venda sin receta.
5. No reutilices restos de antibióticos. No guardes antibióticos viejos en el botiquín de tu casa y no los reutilices, pues pueden estar caducados o a

punto de caducar, y su efectividad disminuye con el tiempo.
6. No uses antibióticos que hayan recetado a otra persona. Los tratamientos son personalizados. Recuerda que cada antibiótico es efectivo para unas bacterias concretas, o sea que no cualquier antibiótico sirve para cualquier infección.
7. Ten tu calendario vacunal al día, así disminuyes la probabilidad de padecer una enfermedad infecciosa y de tener que usar antibióticos —lo mismo que hemos dicho que pasa con los peces.
8. No compres antibióticos ni otros medicamentos por internet, pueden ser falsos, inefectivos e incluso tóxicos.
9. No uses antibióticos contra una infección viral. Como ya hemos repetido varias veces, los antibióticos no son efectivos contra los virus, y tomarlos cuando tienes gripe o catarro, por ejemplo, solo contribuye a crear resistencias.
10. Usa los antibióticos con responsabilidad, su eficacia depende de todos. Los antibióticos son un recurso natural precioso y finito que hay que preservar. También está en tu mano conseguir que los antibióticos sigan siendo eficaces para las generaciones futuras.

EPÍLOGO

Tu salud depende de tus microbios, pero influir en ellos es mucho más complicado de lo que podríamos imaginar. Cada vez vamos conociendo más de ese complejo consorcio con millones de interacciones entre nuestros propios microbios y nuestro organismo. Pero pequeños cambios en nuestra dieta y estilo de vida pueden afectar a ese equilibrio. Abusar de los antibióticos, por ejemplo, no solo afecta a tus propios microbios, sino que genera además superbacterias que pueden poner en riesgo tu salud y la de los demás.

Es necesario seguir investigando para entender mejor los mecanismos por los que la microbiota mantiene la salud o desencadena la enfermedad. En el futuro quizá el análisis de nuestro microbioma se incorporará a los protocolos de medicina personalizada. Cuando vayas al hospital, el médico no solo secuenciará y analizará tu genoma, sino que también estudiará la composición de tu microbiota y su función, identificará microorganismos oportunistas potencialmente patógenos en tu cuerpo y cómo tus microbios pueden afectar al tratamiento. Analizará además la sensibilidad a los antibióticos de ese patógenos concreto que te infecta. Se diseñarán nuevos alimentos simbióticos y el médico podrá recomendarte un cóctel de microbios concreto. Podrá en definitiva diseñar una terapia personalizada para ti: medicina a la carta, pero teniendo en cuenta también tu microbiota, porque... ¡somos microbios! Mientras llega ese momento, tú piensa también en tus microbios, no abuses de los antibióticos y lleva una dieta y una vida sana. Si tus microbios están bien, tú te sentirás mejor.

PARA SABER MÁS

1. *Las cazadores de microbios*. Paul de Kruif. 1975. 5ª edición en español. Editorial Aguilar.

2. «*Van Leeuwenhoek microscopes-where are they now?*» Robertson, L.A. *FEMS Microbiology Letters*. 2015. 362 -9-: fnv056.

3. «*The mystery of the microsocope in mud*». Brian J. Ford. *Nature*. 2015. 521: 423.

4. «*The largest bacterium*». Angert, E. R. y col. *Nature*. 1993. 362-6417-: 239-41.

5. «*Dense populations of a giant sulfur bacterium in Namibian shelf sediments*». Schulz, H. N. y col. *Science*. 1999. 284-5413-: 493-5.

6. «*Big bacteria*». Schulz, H. N. y col. *Annual Review of Microbiology*. 2001. 55: 105-37.

7. «*Introduction to intestinal microecology*». Luckey, T. D. *American Journal of Clinical Nutrition*. 1972. 25-12-1292-4

8. «*Revised estimates for the number of human and

bacteria cells in the body». Sender, R., y col. *PLOS Biology*. 2016. 14-8-:e1002533.

9. «*An estimation of the number of cells in the human body*». Bianconi, E., y col. *Annual of Human Biology*. 2013. 40-6-:463-71.

10. «*Structure, function and diversity of the healthy human microbiome*». The Human Microbiome Project Consortium. *Nature*. 2012. 486: 207-17.

11. «*A framework for human microbiome research*». The Human Microbiome Project Consortium. *Nature*. 2012. 486: 215-21.

12. «*Enterotypes of the human gut microbiome*». Arumugam, M., y col. *Nature*. 2011. 473: 174–80.

13. «*Viruses in the faecal microbiota of monozygotic twins and their mothers*». Reyes, A., y col. *Nature*. 2010. 466: 334–8.

14. «*Topographical and temporal diversity of the human skin microbiome*». Grice, E. A., y col. *Science*. 2009. 324-5931-: 1190-2.

15. «*A critical assessment of the "sterile womb" and "in utero colonization" hypotheses: implications for research on the pioneer infant microbiome*». Pérez-Muñoz, M. E., y col. *Microbiome*. 2017. 5-1-: 48.

16. «*A germfree infant*». Barnes, R. D., y col. *The Lancet*. 1969. 293-7587-: 168-71.

17. «*Mom knows best: the universality of maternal microbial transmission*». Funkhouser, L. J., y col. *PLOS Biology*. 2013. 11-8-: e1001631.

18. «*The bacterial microbiome and virome milestones of infant development*». Lim, E. S., y col. *Trends in Microbiology*. 2016. 24-10-: 801-10.

19. «*Humans differ in their personal microbial cloud*». Meadow, J. F., y col. *PeerJ*. 2015. 3:e1258.

20. «*Shaping the oral microbiota through intimate kissing*». Kort, R., y col. *Microbiome*. 2014. 2: 41.

21. «*Cohabiting family members share microbiota with one another and with their dogs*». Song, S. J., y col. *Elife*. 2013. 2:e00458.

22. «*Gut microbiota and aging*». O´Toole, P.W., y col. *Science*. 2015. 350-6265-: 1214-5.

23. «*Metagenomic analyses of bacteria on human hairs: aqualitative assessment for applications in forensic science*». Tridico, S. R., y col. *Investigative Genetics*. 2014. 5-1-: 16.

24. «*Composition of human skin microbiota affects attractiveness to malaria mosquitoes*». Verhulst, N.O., y col. *PLOS ONE*. 2011. 6-12-: e28991.

25. «*Gut microbiome of the Hadza hunter-gatherers*». Schnorr, S. L., y col. *Nature Communications*. 2014. 5: 3654.

26. «*Accounting for reciprocal host–microbiome interactions in experimental science*». Stappenbeck, T. S., y col. *Nature* 2016. 534: 191–9.

27. «*A mouse's house may ruin experiments*». Reardon, S. *Nature* 2016. 530: 264.

28. «*Characterization of lactic acid bacteria isolated from infant faeces as potential probiotic starter cultures for fermented sausages*». Rubio, R., y col. *Food Microbiology*. 2014. 38: 303-11.

29. «*When pathogenic bacteria meet the intestinal microbiota*». Rolhion, N., y col. *Philosophical*

Transactions of the Royal Society of London. Serie B Biological Sciences. 2016. 371-1707-. pii: 20150504.

30. «*How colonization by microbiota in early life shapes the immune system*». Gensollen, T., y col. *Science.* 2016. 352-6285-: 539-44.

31. «*Gut microbioma population: an indicator really sensible to any change in age, diet, metabolic syndrome, and life-style*». Annalisa, N., y col. *Mediators of Inflammation.* 2014: 901308.

32. «*Prior dietary practices and connections to a human gut microbial metacommunity alter responses to diet interventions*». Griffin, N. W., y col. *Cell Host & Microbe.* 2016. pii: S1931-3128.

33. «*It is about time physicians and clinical microbiologists in infectious diseases investigated the etiology of obesity*». Raoult, D. *Clinical Microbiology and Infection.* 2013. 19-4-: 303-4.

34. «*Anal gas evacuation and colonic microbiota in patients with flatulence: effect of diet*». Manichanh, C., y col. *Gut.* 2013. 63-3-: 401-8.

35. «*Migraines are correlated with higher levels of nitrate-, nitrite-, and nitric oxide-reducing oral microbes in the American Gut Project Cohort*». Gonzalez, A., y col. *mSystems* 2016. 1-5-: e00105-16.

36. «*The gut microbiome in human neurological disease: A review*». Tremlett, H., y col. *Annals of Neurology.* 2017. 81-3-: 369-82.

37. «*Ingestion of Lactobacillus strain regulates emotional behavior and central GABA receptor expression in a mouse via the vagus nerve*». Bravo, J. A., y col. *Proceedings of the National Academy of Science USA.* 2011. 108-38-: 16050-5.

38. «*The microbiome-gut-brain axis in health and disease*». Dinan, T. G., y col. *Gastroenterology Clinics of North America*. 2017. 46-1-: 77-89.

39. *Influencia de las bacterias intestinales en el autismo*. Wenner, M. M. *Investigación y Ciencia*. 2015. nº 17.

40. «*Faecal microbiota transplantation*». Nieuwdorp, M. *British Journal of Surgery*. 2014. 101-8-: 887-8.

41. «*Duodenal infusion of donor feces for recurrent Clostridium difficile*». van Nood, E., y col. *New England Journal of Medicine*. 2013. 368-5-: 407-15.

42. «*Should we standardize the 1,700-year-old fecal microbiota transplantation?*» Zhang, F., y col. *American Journal of Gastroenterology*. 2012. 107-11-: 1755

43. «*The role of the microbiome in human health and disease: an introduction for clinicians*». Young, V. B. *British Medical Journal*. 2017. 356: j831.

44. «*The human microbiome and cancer*». Rajagopala, S. V., y col. *Cancer Prevention Research*. 2017. 10-4-: 226-34.

45. «*Microbiota: a key orchestrator of cancer therapy*». Roy, S., y col. *Nature Reviews Cancer*. 2017. 17-5-: 271-85.

46. «*The past, present and future of microbiome analyses*». White III, R. A., y col. *Nature Protocols*. 2016. 11-11-: 2049-53.

47. *Guía para interpretar con escepticismo las investigaciones sobre el microbioma*. Hanage, W. P. *Investigación y Ciencia*. Febrero 2015. pp: 13-15.

48. «*Neanderthal genomics suggests a Pleistocene timeframe for the first epidemiologic transition*».

Houldcroft, C. J., y col. *American Journal of Physical Antrophology*. 2016. 160 -3-: 379-88.

49. «Neanderthal behaviour, diet, and disease inferred from ancient DNA in dental calculus». Weyrich, L. S., y col. *Nature*. 2017. 544-7650-: 357-61.

50. «Transmission between archaic and modern human ancestors during the evolution of the oncogenic human papillomavirus 16». Pimenoff, V. N., y col. *Biology and Evolution*. 2016. 34 -1-: 4-19.

51. «Rapid changes in the gut microbiome during human evolution». Moeller, A. H., y col. *Proceedings of the National Academy of Science U S A*. 2014. 111-46-: 16431-5.

52. «Effect of probiotics on central nervous system functions in animals and humans: a systematic review». Wang, H., y col. *Journal of Neurogastroenterology and Motility*. 2017. 22-4-: 589-05.

53. «Next-generation probiotics: the spectrum from probiotics to live biotherapeutics». O'Toole, P. W., y col. *Nature Microbiology*. 2017. 2:17057.

54. «Temporal and spatial variation of the human microbiota during pregnancy». DiGiulio, D. B., y col. *Proceedings of the National Academy of Science U S A*. 2015. 112-35-: 11060-5.

55. «Fetal, neonatal, and infant microbiome: Perturbations and subsequent effects on brain development and behavior». Diaz Heijtz, R. *Seminars in Fetal and Neonatal Medicine*. 2016. 21-6-: 410-17.

56. «Methanogenic burst in the end-Permian carbon cycle». Rothman, D. H., y col. *Proceedings of the*

National Academy of Science U S A. 2014. 111-15-: 5462-7.

57. «*Isolation of Succinivibrionaceae implicated in low methane emissions from Tammar wallabies*». Pope, P. B., y col. *Science.* 2011. 333: 646-8.

58. «*Adamdec1, Ednrb and Ptgs1/Cox1, inflammation genes upregulated in the intestinal mucosa of obese rats, are downregulated by three probiotic strains*». Plaza-Díaz, J., y col. *Scientific Reports* 2017. 7: 1939.

59. «*Human commensals producing a novel antibiotic impair pathogen colonization*». Zipperer, A., y col. *Nature.* 2016. 535-7613-: 511-6.

60. «*A systematic analysis of biosynthetic gene clusters in the human microbiome reveals a common family of antibiotics*». Donia, M. S., y col. *Cell.* 2014. 158-6-: 1402-14.

61. «*Antibiotic use and its consequences for the normal microbiome*». Blaser, M. J. *Science.* 2016. 352-6285-: 544-45.

62. «*Caterpillars lack a resident gut microbiome*». Hammer, T. J., y col. *Proceedings of the National Academy of Science U S A.* 2017. 114-36-:9641-9646.

63. *Robert Koch, el médico de los microbios.* Fernández Teijeiro, J. J. 2008. Ed. Nivola. ISBN 978-84-96566-97-2.

64. *Cien años de la bala mágica del Dr. Ehrlich —1909-2009—.* García-Sánchez, J. E., y col. *Enfermedades Infecciosas y Microbiología Clínica.* 2010. 28-8-: 521-33.

65. «*The mold in Dr. Florey´s coat. The story of the penicillin miracle*». Lax, E. 2005. First Owl Books Edition. New York. ISBN 978-0-8050-7778-0.

66. «*Escherichia coli harboring mcr-1 and blaCTX-M on a novel IncF plasmid: first report of mcr-1 in the USA*». McGann, P., y col. *Antimicrobial Agents and Chemotheraphy*. 2016. pii: AAC.01103-16.

67. «*Plasmid-mediated colistin resistance —mcr-1 gene—: three months later, the story unfolds*». Skov, R. L., y col. *European Surveillance*. 2016. 21-9-.

68. «*Emergence of a new antibiotic resistance mechanism in India, Pakistan, and the UK: a molecular, biological, and epidemiological study*». Kumarasamy, K. K., y col. *Lancet of Infectious Diseases*. 2010. 10-9-: 597-02.

69. «*The emerging threat of untreatable gonococcal infection*». Bolan, G. A., y col. *New England Journal of Medicine*. 2012. 366-6-: 485-7.

70. «*Antibiotic resistance: the last resort*». McKenna, M. *Nature*. 2013. 499: 394-6.

71. «*Tackling antibiotic resistance from a food safety perspective in Europe*». World Health Organization. 2011. ISBN 978 92 890 1421 2.

72. «*The role of international travel in the worldwide spread of multiresistant Enterobacteriaceae*». van der Bij, A. K., y col. *Journal of Antimicrobial Chemotheraphy*. 2012. 67-9-: 2090-100.

73. «*Multidrug-resistant Gram-negative bacteria: a product of globalization*». Hawkey, P. M. *Journal of Hospital Infections*. 2015. 89-4-: 241-7.

74. «*Bloom of resident antibiotic-resistant bacteria in soil following manure fertilization*». Udikovic-Kolic, N. *Proceedings of the National Academy of Science U S A*. 2014. 111-42-: 15202-7.

75. «*Bacterial colonization and succession in a*

newly opened hospital». Simon, L., y col. *Science Translational Medicine* 2017. 9-391-: eaah6500

76. «*Anti-infective medicine quality: analysis of basic product quality by approval status and country of manufacture*». Bate, R., y col. *Research and Reports in Tropical Medicine*. 2012. 3: 57-61.

77. «*Travel and fake artesunate: a risky business*». Chaccour, C., y col. *Lancet*. 2012. 380-9847-: 1120.

78. «*Spectinamides: a new class of semisynthetic antituberculosis agents that overcome native drug efflux*». Lee, R. E., y col. *Nature Medicine*. 2014. 20-2-: 152-8.

79. «*Urban park soil microbiomes are a rich reservoir of natural product biosynthetic diversity*». Charlop-Powers, Z., y col. *Proceedings of the National Academy of Science U S A*. 2016. 113-51- 14811-16.

80. «*A new antibiotic kills pathogens without detectable resistance*». Lewis, K., y col. *Nature*. 2015. 517: 455-59.

81. «*The antibiotic course has had its day*». Llewelyn, M. J., y col. *British Medicine Journal* 2017. 358: j3418.

ÍNDICE

Ver los microbios 9
Prólogo 13

PRIMERA PARTE. SOMOS MICROBIOS 17
  Leeuwenhoek: ver lo invisible 19
  Pero ¿qué son los microbios? 27
  Somos mitad humano mitad bacteria 35
  ¿Quiénes son nuestros microbios? 41
  Las bacterias viven en comunas, son cotillas
  y muy promiscuas 53
  No hay nada como una madre 61
  Compartes microbios con tu familia…
  y con tus mascotas 71
  Todo cambia con la edad 77
  CSI: descubrir al asesino por las bacterias de su pelo ... 83
  ¿Por qué a ti te pican los mosquitos y a mí no? 87
  El pintxo microbiano 91

Mantener a raya al enemigo 99
¿Estoy gordo o son mis microbios? 105
En la salud y en la enfermedad 117
La conexión entre el intestino y el cerebro 129
Microbiota y cáncer 141
Cómo manipular la microbiota: del Actimel
al trasplante fecal 151
Un poco de sana autocrítica 167
Los microbios de los neandertales 173
¿Qué les pasa a tus bacterias cuando vas al espacio? ... 187
¿Por qué explotan las granjas de vacas?
Los animales también tienen microbiota 191
La variable invisible 203
Antibióticos en tus tripas: la solución
puede estar en tu interior 209

SEGUNDA PARTE.
LA PANDEMIA DEL SIGLO XXI 217
El lado oscuro de los microbios 219
La «bala mágica» 231
¿Cómo actúan los antibióticos? 245
Superbacterias: la pandemia del siglo XXI 253
¿Cómo hemos llegado a esta situación? 265
Las bacterias también viajan contigo 273
No solo falsifican Rolex y Lacoste 277

Los hospitales: un inmenso planeta de microbios..... 281
Nuevos antibióticos... 287
El decálogo contra la resistencia a los antibióticos ... 293

Epílogo 299
Para saber más 301

«Con tan sólo un kilo y medio de peso, el cerebro es la estructura más maravillosa y compleja del Universo. En él residen nuestro pasado, presente y futuro. Atrévete a explorarlo y conocerlo a través de la Neurociencia.»

La nariz de CHARLES DARWIN

y otras HISTORIAS de la NEUROCIENCIA

por
JOSÉ RAMÓN ALONSO

books4pocket

«¿Alan Turing? Un tipo que con catorce años recorrió en bicicleta los más de 90 kilómetros que le separaban de la escuela, y todo porque una huelga general amenazaba con estropearle su primer día de clase.»

El CIENTÍFICO
que derrotó a HITLER
y otros ensayos sobre la
HISTORIA *de la* CIENCIA

por
ALEJANDRO NAVARRO YÁÑEZ

El día que descubrimos EL UNIVERSO

El conocimiento del cosmos tras un siglo de RELATIVIDAD

El 25 de noviembre de 1915 un joven físico pronunció una conferencia en Berlín afirmando que había logrado comprender la estructura del Espacio y del Tiempo.

Del autor de *El* HUEVO *de* DINOSAURIO y *La* SONRISA *del* ÁTOMO

por
JORGE BOLÍVAR

books4pocket